中国中小学生

人文·社会·科学

通识教育课

从宇宙到地球

天文地理·航空航天

葛潇　肖双丹◎编著

山东教育出版社

·济南·

图书在版编目（CIP）数据

从宇宙到地球 / 葛潇，肖双丹编著．-- 济南 ：山东教育出版社，2024.11．（2025.2 重印）--（中国中小学生通识教育课）．-- ISBN 978-7-5701-3340-6

Ⅰ．P183-49

中国国家版本馆 CIP 数据核字第 2024U2H495 号

CONG YUZHOU DAO DIQIU

从宇宙到地球　　葛潇　肖双丹 / 编著

主管单位： 山东出版传媒股份有限公司

出版发行： 山东教育出版社

地址：济南市市中区二环南路 2066 号 4 区 1 号　　邮编：250003

电话：（0531）82092660　　网址：www.sjs.com.cn

印　　刷： 济南新先锋彩印有限公司

版　　次： 2024 年 11 月 第 1 版

印　　次： 2025 年 2 月 第 2 次印刷

开　　本： 787 毫米 × 1092 毫米　1/16

印　　张： 6

字　　数： 123 千字

定　　价： 49.00 元

（如印装质量有问题，请与印刷厂联系调换）印厂电话：0531-88618298

序 言

新课程改革给教育带来了极大的变化，其中最大的变化就是强调培养德智体美劳全面发展的人。过去，我们的学校教育偏重应试教育，导致素质教育不能得到真正落实。为了改变这一局面，新课标增加了通识教育的内容。

通识教育是教育的一种，它的目标是在现代多元化的社会中，为受教育者提供跨越不同群体的通用知识和价值观。随着人类对世界的认识日益深入，知识分类也变得越来越细。人们曾以为掌握了专业的知识，就能将这一专业的事情做好。后来才发现，光有专业知识并不一定能在相关领域有所创造。一个人的创造力必须是全面发展的结果。我国古代的思想家很早就认识到通识教育的重要性。古人认为，做学问应“博学之，审问之，慎思之，明辨之，笃行之”，并且认为如果博学多识，就有可能达到融会贯通、出神入化的境界。如今，开展通识教育已经成为全世界教育工作者的共识。通识教育让我们的学校真正成为育人的园地，培养德智体美劳全面发展的人。

家长们也许要问，什么样的知识才具有通识意义？这正是通识教育关注的焦点问题。当今世界风云变幻，知识也在不断更新，这就需要更多的专业人员站在人类文明持续发展的高度，从有益于开发心智的角度出发，在浩瀚的知识海洋中认真筛选，为学生们编写出合适的书籍。

目前，市面上适合中小学生阅读的通识教育类的书籍并不多见，而这套《中国中小学生通识教育课》则为学生们提供了一个很好的选择。该系列涵盖人文、社会、科学三大领域，内容广泛，涉及哲学、历史、文学、艺术、传统文化、文物考古、社会学、职业规划、生活常识、财商教育、地理知识、航空航天、动植物学、物理学、化学、科技以及生命科学等多个方面。编写者巧妙地将丰富的知识点提炼为充满吸引力的问题，又以通俗有趣的语言加以解答。我相信，这套丛书会受到中小学生们的喜爱，或许会成为他们书包中的常客，或是枕边的良伴。

贺绍俊

文学评论家

目录 CONTENTS

从宇宙到地球

当我们脚踩大地、仰望星空时，脑海中是不是会产生无尽的遐想：宇宙是什么时候诞生的？地球为什么看起来是蓝色的？世界上有另一个“地球”吗……让我们把“天”和“地”变成科学课堂，去探索宇宙的奥秘，感受地球的美丽与神奇。

为什么极地上空会有极光？

呜呜呜……
太壮丽了！
哦，多么神奇的
大自然呀！

什么是极光？

在地球南北两极附近地区的夜晚，偶尔可以看到几条五彩缤纷的光带横跨天空，帘幕轻摆，流光溢彩，将黑暗的夜空照得一片光亮。这种壮丽而又奇异的景象就是极光。极光一般只出现在高纬度地区，它是太阳粒子流轰击高层大气分子使其激发或电离而产生的一种发光现象。

什么是太阳风?

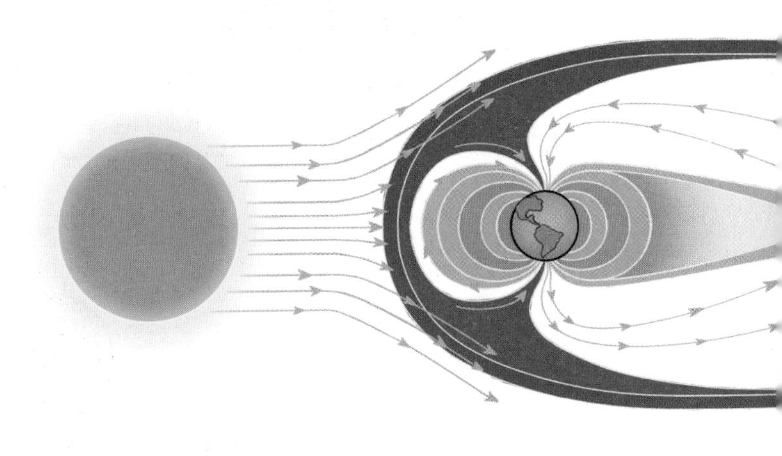

一切还得从太阳说起。与地球不同，太阳是一个巨大的火球，它的大气的最外层被称为日冕，其厚度可达几百万千米，那里温度极高，足以让太阳粒子脱离引力飞向太空。天文学家将太阳源源不断发射出的带电粒子流称为“太阳风”。太阳风十分强劲，即使已经“长途跋涉”了约 1 亿千米来到地球上空，平均速度也还能达到每秒 400 千米，是地球风速的上万倍!

谁保护了地球?

幸好，地球就像一块巨型磁铁，在它周围有一层看不见的“保护层”——地磁场。地球的地磁场筑起一道严密的防御网，将大部分带电粒子阻挡在外。不过，仍会有一些带电粒子“偷偷”溜进来，这些带电粒子会又一次被地磁场捕获，于是只能沿着磁力线流入南北极上空的“漏斗区”。

此时，地球又拿出第二大防御武器——大气。在距离地表 100 千米以上的高空，大气中的气体分子和原子，奋不顾身地与带电粒子相撞，发出五颜六色、奇异壮观的光芒。极光多变的色彩，与大气的成分有很大关系，例如，绿色和红色的极光受大气中的氧原子影响，而蓝色或紫色的极光受大气中的氮原子影响。

在哪里才能看到极光呢?

极光并不出现在极点处，而是在南北极附近的环带区域。北半球的极光区，以阿拉斯加、加拿大北部、西伯利亚、格陵兰岛南端与挪威北海岸为主。北极圈附近阿拉斯加的费尔班克斯，更是有“北极光首都”的美称，这里一年有超过 200 天会出现极光。奇妙的是，极光不只出现在地球上。太阳系内其他具有磁场和大气层的行星也会有极光现象，比如木星和土星。

为什么我们不待在温暖的屋子里看极光?
来都来了，啥都得体验一下!

为什么南极比北极更寒冷？

南极比北极冷得多？

从太空中看，地球南北两极的“长相”完全不同。南极洲是一个四面环海的冰雪高原，平均海拔超过 2000 米，是全世界最高的大陆。北极地区则主要由海洋组成，它被亚洲、欧洲和北美洲的陆地所环绕。

根据科学家观测，南极洲最低气温可以达到 -94°C。奇怪的是，北极地区最低气温却只有大约 -70°C，一年内的平均气温比南极高近 20°C。在我国南极科考站中山站，只能看见地上稍微有些绿色，那是地球上最古老的生物——藻类和苔藓。而与中山站纬度相当的挪威，虽然位于北极圈内，那里却还生长着大树。从挪威继续往北走，在我国北极科考站黄河站所在的斯瓦尔巴群岛，那里夏季虽然短暂，但水草丰美、鲜花盛开，相比南极可以说是生机盎然了！

为什么有南极洲，却没有北极洲？
因为北极中央并没有陆地呀！

位于北极圈的库纳德·拉斯穆森冰川

正在玩耍的北极熊母子

位于南极洲的埃里伯斯火山

巴布亚企鹅

为什么南极比北极更冷？

人们常说“高处不胜寒”，我们在爬山时也能感觉到山顶总是比山脚冷，这是因为山顶空气更稀薄，空气的保温能力下降。据研究，在地球上，高度每上升 100 米，温度大约会下降 0.6℃，因此南极的气温比北极低很多。除此以外，南极几乎被冰雪覆盖，而雪地能反射超过 95% 的太阳光，北极的冰雪面积大约只有南极的 60%，还有宽阔的水域可以储存大量的热能，这意味着北极地表可以保留更多太阳带来的热量。

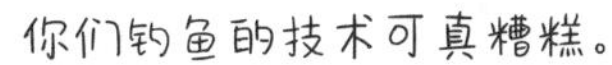

海水也能为北极输送热量？

除了阳光，海水也能为北极“补充”热量。海洋并不是静止不动的，地球上的海水其实也像河流一样，沿一定方向持续地大规模流动，这种现象被称为“洋流”。起源于墨西哥湾的北大西洋暖流源源不断地为北极地区输送热量；而南极地区则被寒冷的南极绕极流环绕，南极绕极流阻隔了来自低纬度的温暖海水。

为什么要去南极建极地科考站？

“地球上最后一片净土”

南极是地球上最后一处被发现，也是唯一没有人类定居的大陆，被誉为“地球上最后一片净土”。在那里，超过 95% 的区域被数千米厚的冰雪覆盖。即使在夏天，南极周围海面也漂浮着巨大的冰山，为海上航行带来了极大的困难。然而，厚厚的冰雪没能阻挡人类探索这片神秘大陆的脚步。截至 2024 年，全球有 31 个国家和 1 个国际组织在南极建立了 76 个科考站。1985 年落成于乔治王岛的长城站是我国第一个南极科考站，此后中山站、昆仑站和泰山站相继建成，最新的南极科考站——秦岭站也已于 2024 年 2 月 7 日正式开站。

中国的南极长城站

澳大利亚的南极戴维斯站

智利的南极冈萨雷斯·维德拉站

为什么非要建南极科考站呢？

合影留念吧！
中国南极昆仑站
听口音不像本地人。
他们是外地人吧？

南极堪称科学研究的殿堂，在它冷酷的外表之下，藏着无数关于生命起源和气候变化的秘密，而科考站可以为科研工作提供必要的支持。在科考站的“助力”下，科学家们发现在南极冰雪之下，存在着各种极不寻常的微生物，甚至还有我们从未见过的生命体。这些来自远古时期的生物不仅在诉说地球生命诞生初期的故事，还能为人类探寻地外生命提供帮助。除此之外，南极还是一个未被开发的“资源库”，那里有世界上最大的铁山和煤田、丰富的海洋生物资源，并且拥有地球上 72% 以上的天然淡水资源。

神秘的“南极之芯”

南极受到人类活动的影响很小，在那里可以准确研究和预测全球气候变化。科学家们从皑皑白雪下钻出几百米长的冰芯，它们是记录地球数万年前气候变化的重要“档案”。想象一下，大气中所含的各种物质携带着古代地球的气候信息，“降落”在冰雪表面，然后被层层雪花掩盖，最终形成冰芯，并在很久很久以后的今天，被人类发掘、解读。日本科学家甚至在南极冰芯中发现了约在 1000 年前爆炸的超新星遗迹，令天文学界震惊不已。

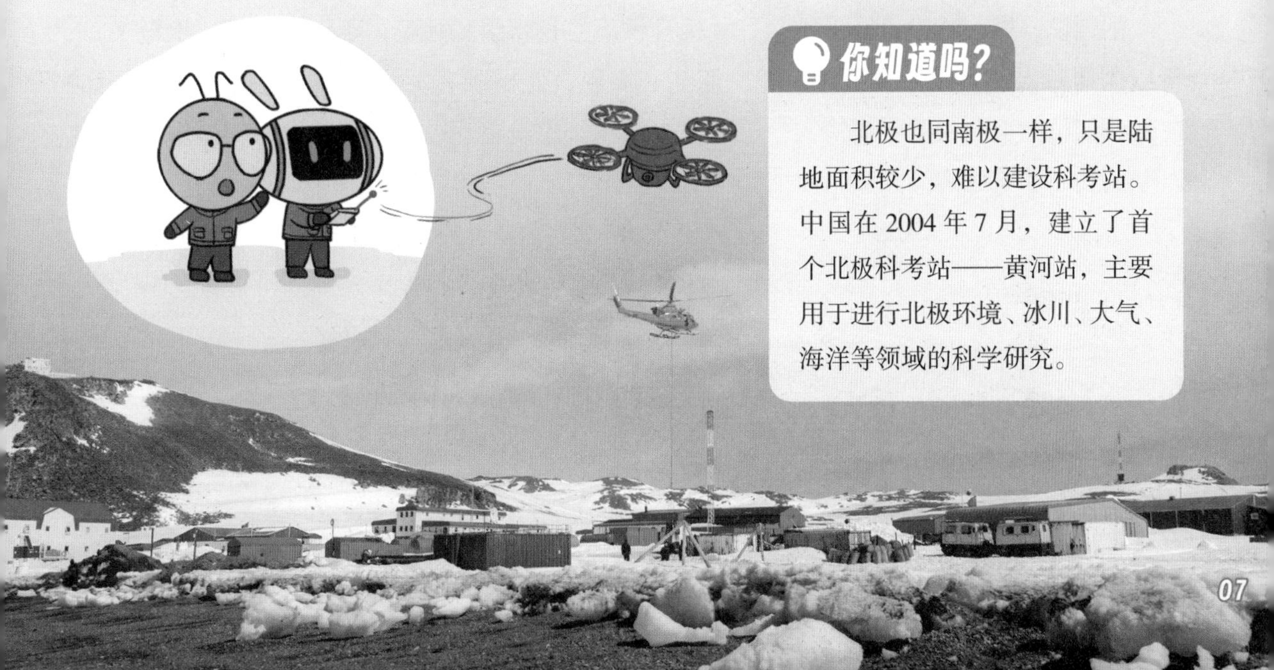

你知道吗？

北极也同南极一样，只是陆地面积较少，难以建设科考站。中国在 2004 年 7 月，建立了首个北极科考站——黄河站，主要用于进行北极环境、冰川、大气、海洋等领域的科学研究。

因纽特人是怎样生活的？

你听说过因纽特人吗？

与环境恶劣、荒无人烟的南极洲不同，北极圈周围的大陆有着较为“温和”的气候。在那里生活着大名鼎鼎的因纽特人，他们曾世代依靠捕猎为生，是地球上最严酷环境下的生存者。那么，历史上，在冬季低至零下几十度的极冷气候下，因纽特人是怎么解决衣、食、住、行这几个基本生存问题的呢？

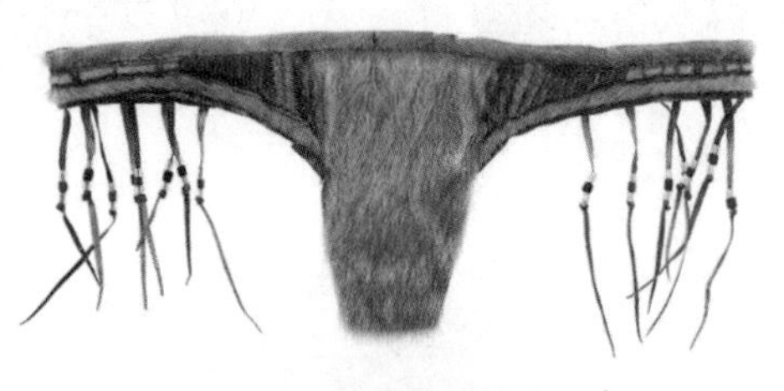

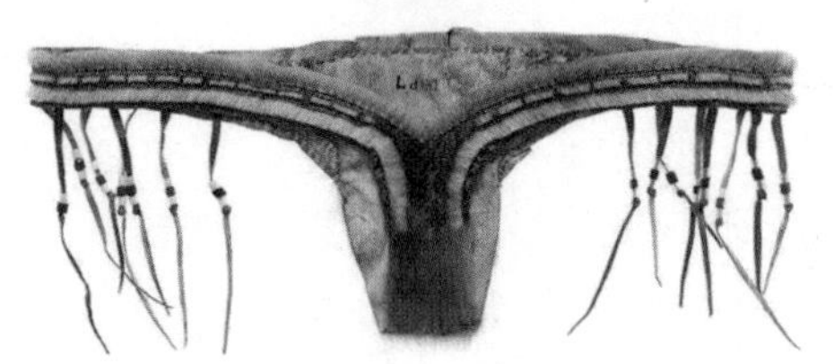

因纽特人用海豹皮制成的内衣

他们穿戴什么？

在北极地区，最流行用动物皮毛制作防寒服。因纽特人用动物的骨头和牙齿做缝衣针，把动物的肠子加工成线。在缝制皮衣前，他们还需要用嘴咀嚼坚硬的兽皮，使之变得柔软。除了厚厚的皮衣、皮帽子和手套，北极居民还得佩戴护目镜，以抵御雪地反射的强光。因纽特人发明了世界上第一副滑雪镜，这种滑雪镜一般采用鹿角或木头材质，眼睛位置被掏空成缝隙，通过牛皮绳固定在脸上。

他们喜欢吃什么？

俗话说，靠山吃山，靠水吃水。北极几乎不生长水果和蔬菜，更别提小麦、水稻了，所以因纽特人的食物主要是肉，鲸、海豹、海象、北极驯鹿、北极熊、野兔……这些都在他们的菜单上。由于因纽特人在过去缺少燃料，也没有途径可以获取足够的维生素，所以他们养成了吃生肉的饮食习惯。

今天就吃这个吗？
不，吃它手里那个。
怎么总感觉有人在偷窥我？

他们住在哪里？

因纽特人自古以来便懂得如何亲近自然。过去，他们夏天住兽皮帐篷，冬天则住在一半在地下、一半在地上的石头屋。当他们外出狩猎，数天不归时，还会建造一座临时居住的冰屋。他们会在选好的基地上刨一个大坑，再用厚实的冰块围着坑垒成拱形房屋，最后在围墙底部开一个洞用于出入，这样一座冰屋就建成了。冰能很好地隔绝冷气，防止热量散失。人越多，冰屋内就越暖和。

现代因纽特人也定居了？

在过去，因纽特人不得不经常长途“旅行”，这是因为他们赖以生存的动物每年至少要迁徙两次。夏季，他们在海边捕猎，冬季则进入内陆。如果距离太远，皮筏或狗拉雪橇会成为他们的交通工具。当然，现在的因纽特人已不住传统的帐篷或冰屋，而是同其他民族一样居住在通电、供暖的房子里。狗拉雪橇也不多见了，取而代之的是汽车和雪上摩托车。虽然不少因纽特人还保留着狩猎的传统，但原始简陋的石制和骨制工具已被现代化的猎枪替代。

热带雨林每天都下雨吗？

你了解热带雨林吗？

在地球赤道附近，有一片美丽而又神秘的绿色世界，遮天蔽日的原始森林层层叠叠，十几个人才能合围的巨树比比皆是；树干和枝丫上长满了附生植物，有的还开着艳丽的花，宛如空中花园；粗壮的藤蔓交错缠绕，各种树栖动物在其间跳跃、攀缘……这就是热带雨林。数以万计的生物在这里生存、繁衍，茂密的树木日复一日地进行光合作用，吸收空气中的二氧化碳，释放出人类维持生命所必需的氧气。

中国的热带雨林主要分布在哪里？

热带雨林并不只分布在赤道附近，在我国海南和云南等地也有分布，不过只在湿润的沟谷或山地间小片分布。我国并不位于热带地区，为什么也有热带雨林呢？这是因为到了夏季，海洋会源源不断地为这些地方输送温暖湿润的气流，带来充沛的雨水，高温和丰富的降水孕育出了这些充满生机的绿色森林。

据说，热带雨林占了地球陆地面积的7%。
是呀，它为地球半数以上的生物物种提供了栖息地和生存地。

热带雨林气候有什么特点？

热带雨林的气候特征之一就是频繁降雨，但这并不意味着每一天都会下雨。不过，在一些地方，遇到降雨的概率确实会更大。位于赤道的南美洲的亚马孙河流域、非洲的刚果河流域和东南亚的马来群岛等地，强烈的太阳辐射和大气环流带来的暖湿气流造就了当地的热带雨林气候。那些地方全年高温，白天温度可以达到 30°C左右，一年内各月的平均气温在 24°C到 28°C之间，几乎没有四季变换。很多时候，上午晴朗闷热，大量水汽蒸发，云朵越积越厚，到了下午时分大雨倾盆，雨停后天气稍微变得凉爽，第二天又重复这一过程。

亚马孙雨林的早晨

亚马孙雨林的傍晚

热带雨林其实很脆弱？

然而，看似十分“强大”的热带雨林，生态系统却比我们想象的要脆弱得多。在茂盛的植被之下，雨林的土壤却十分贫瘠。这是因为森林所拥有的营养成分，几乎都储存在植物中，掉落到地面的枯枝落叶会很快被生物分解利用，成为其他植物的养分。同时，雨水也在不断地冲刷着土壤，将里面的营养物质带走。因此，一旦雨林植物被破坏，环境会迅速恶化，而且难以恢复。保护好热带雨林，对于维护地球生态平衡、控制气候变化、保护水资源及维护生物多样性等方面具有重要作用和意义。

还有好久、
好久、好久……
好冷啊，我们
什么时候才能
飞出大气？

什么是大气环流？

你了解大气吗？

阴、晴、雨、雪……天气为什么每天不一样？为什么赤道地区降水充沛、森林茂盛，而非洲约 30% 的面积都是干旱的沙漠？无论是瞬时的天气状况，还是长期的气候特征，都离不开地球大气的运动。大气是围绕在地球周围的一层看不见、摸不着的气体。由于地心引力的作用，大约 75% 的大气质量都集中在离地面 10 千米以下的对流层内，在这里空气频繁流动，从而产生各种天气现象。

大气为什么会运动呢？

众所周知，运动需要能量，大气运动的主要能量几乎都来自太阳。然而，太阳对地球不同区域加热并不均匀，例如赤道就比两极接收了更多的热量。这样一来，赤道上方的热空气膨胀上升，两极的冷空气从较高纬度的地表流过来填补空缺，从而形成了大气环流。除此以外，大气还受到地球自转的影响，这种影响被称为科里奥利效应。它使从赤道上空流向两极的热空气发生偏转，逐渐变为沿纬度方向移动的风，最终停留在南北纬 30°附近。在那里，空气会下沉变暖，汇聚变重，又从地表流回赤道。因此，在地球自转的“阻挠”下，来自赤道的温暖空气无法直接“温暖”两极地区。

位于赤道附近的斐济四季炎热

跨越北极圈的芬兰有着漫长而寒冷的冬天

地形也会影响大气环流？

地球表面复杂的地形地貌在不断“干扰”大气环流。地表有广阔海洋、大片陆地，陆地上又有崇山峻岭、低洼盆地、无垠沙漠和极冷冰原，它们无一不影响着大气的流动。也因此，地球上才有了丰富多样的气候特征。小范围环流多出于地貌差异，虽然短暂，但有可能发展成特殊的天气现象，例如山风、谷风、雷雨和龙卷风等。

你知道吗？

大气科学不仅研究大气的结构、组成以及演变规律，也研究大气与地球系统其他圈层（岩石圈、冰雪圈、水圈和生物圈）的相互作用。了解大气环流，不仅能预测天气变化，还能通过环流是否正常来预判可能出现的气候异常情况，如旱涝灾害、持续严寒等。

为什么喜马拉雅山这么高？

喜马拉雅山脉是怎样形成的？

你可能很难想象，大约 7000 万年以前，这座地球上最雄伟的山脉——喜马拉雅山脉所在的地方还是一片汪洋大海，地质学家称之为新特提斯洋。它的南部是印度大陆，北部是亚洲大陆。后来，随着印度洋板块快速向北移动，新特提斯洋斜插到亚洲大陆之下，海域逐渐缩小直到消失。后来印度洋板块和欧亚板块发生碰撞，在板块交界处岩石圈受到挤压隆起形成山脉，喜马拉雅造山运动从此开始。

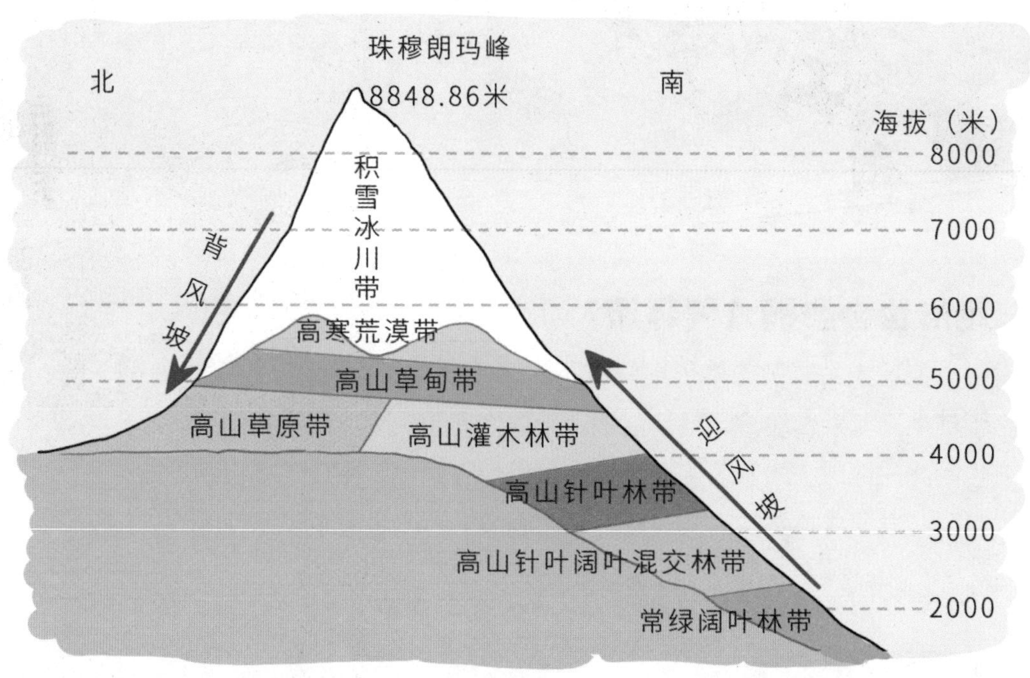

后悔也晚了，赶紧往上爬吧！
我高估了自己的实力……

名副其实的“世界屋脊”

喜马拉雅山是世界上最高的山脉，被称为“世界屋脊”，它的主峰——珠穆朗玛峰海拔 8848.86 米，大约有 3000 层楼那么高！事实上，除了大名鼎鼎的珠穆朗玛峰，世界上海拔 8000 米以上的 14 座高峰中，有 10 座都位于喜马拉雅山脉地区，海拔 7000 米至 8000 米的高峰更是超过 40 座。

你知道吗？

科学家认为，地球的高山和海洋之下的坚硬岩石圈不是整体一块，而是分裂成几大板块。当今地球有六大板块：欧亚板块、非洲板块、美洲板块、太平洋板块、印度洋板块和南极洲板块。这些板块并不是静止的，而是会缓慢迁移，板块之间或相互聚合，或相互分离。这样一来，在板块的交界地带，就会形成不同的地形地貌。

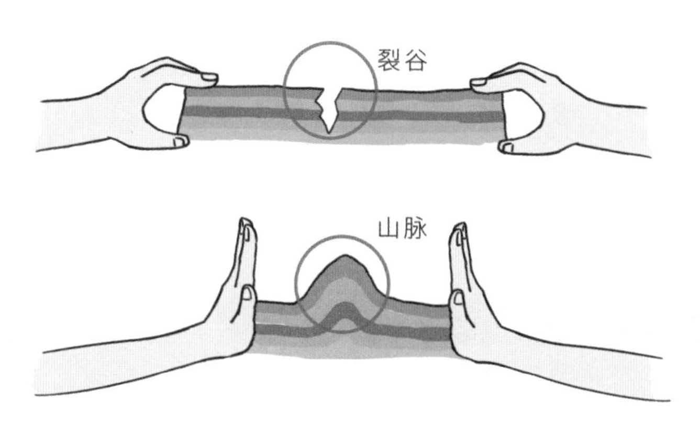

还在“长个儿”的珠穆朗玛峰

喜马拉雅山脉之所以会形成，就是因为它正好处在板块交界处。有趣的是，印度洋板块和欧亚板块现在仍在不断相互挤压，印度洋板块缓慢北移，插到喜马拉雅山之下，使其继续向上抬升。根据科学家的观测，珠穆朗玛峰大约每年抬高 1 厘米，“生长”速度可以说是非常之快了。

幸亏没半途而废！
明年再来的时候，
说不定能爬得更高。

地球为什么会有冰川期？

时冷时热的地球

有部动画电影描绘了一个白雪皑皑的冰封地球，那里风雪肆虐，寸草不生。地球过去真的存在这样的时期吗？答案是肯定的。根据古代遗留下的冰川携带的信息、冰川曾在陆地上运动留下的痕迹等证据，科学家们认为，在漫长的地质时期中，地球气候曾发生过数次冷暖变化，有时温暖得像个火炉，有时却被巨大的冰盖完全覆盖。

“大氧化事件”

当地球还年轻的时候，它的大气与现在的很不一样。地球的原始大气中几乎没有氧气，而是含有大量的二氧化碳、甲烷、氨气等。大约在 24 亿年前，大气中的游离氧含量剧增，这便是“大氧化事件”。氧气的增加，为后来复杂多细胞生命的演化提供了必要的条件，但也使得当时的一些原始生命走向灭亡。

天气这么冷，原始人为什么没长出厚厚的体毛？
谁知道呢？

休伦湖的日出

什么是“休伦冰期”？

由于细菌的光合作用产生了大量氧气，氧气与大气中的甲烷发生反应，随着温室气体减少，地球这个大暖炉逐渐冷却下来。在 24 亿年前，地球经历了史上最早、持续时间最久的一次冰川期。地质学家在北美洲的休伦湖地区找到了远古地球被冰封的证据，因此这个时期被称为“休伦冰期”。

在休伦冰期之后，大约距今 7 亿年，地球又经历了一次环境剧变，全球平均气温低至-50°C，海冰达到1000米厚，整个地球成为一个“雪球”。好在地下岩浆作用依然活跃，温室气体不断积累，上千万年之后地球又开始变暖，冰雪大片消融，最终迎来酷热气候，以及随之而来的寒武纪生命大爆发。

新的冰川期又将到来？

事实上，冰川期离我们并不遥远，我们的祖先就曾经历过。在最严重的时期，冰川覆盖了现今的波兰和德国，并一直延伸到阿尔卑斯山，这一冰川期结束于大约 2 万年前。而我们现在所处的阶段正是两个大冰期之间的“间冰期”，下一个冰川期何时来临，这是谁也无法预料的事情。

为什么土壤有不同的颜色？

土壤是从哪里来的？

俗话说“一方水土养一方人”，土壤从古至今都与人类的生活息息相关，是人类生存的根基。松散的土壤其实来自坚硬的岩石。一块露出地表的岩石，首先会面临风霜雨雪的“洗礼”，在昼夜温度变化下，岩石反复膨胀、收缩，逐渐产生裂隙；裂隙中的水又反复结冰、解冻，使裂隙不断扩大直至岩石崩解，变成碎屑。之后，经过长期的日晒、雨淋、风吹，碎屑中的一部分会被水溶解并流失，还有一部分会被空气中的氧气氧化分解。最终，岩石经过破碎、分解，改变了原有的形态和化学组成。另外，自然界中的生物也在不停“破坏”岩石，植物将树根深入岩石的裂隙，同时分泌有机酸加速其分解。

陆地是个巨大的“调色盘”

我们知道，我国东北地区的土壤是黑色的，被称为“黑土地”，是世界上最肥沃的土壤。华北地区的土壤则多是棕色的，到了岭南地区，红色土壤则更为常见。

东北地区的土壤为什么是黑色的呢？这是因为它富含腐殖质。黑壤的形成，对气候条件要求很高，它们只存在于夏季温和湿润、冬季严寒干燥且水分

充足的环境中。全世界仅有三大块黑土区，分别在中国的东北平原、乌克兰大平原、美国的密西西比河流域。而红壤和棕壤是因为含有丰富的铁和铝，这些元素在氧化过程中会形成红色或棕色的化合物，红壤的颜色类似铁锈，棕壤的颜色比红壤的浅一些。而含有石英、长石、高岭土等浅色矿物较多的土壤，大多接近于灰白色。

土壤的性质不同，适合种植的作物也不同。

土壤用颜色告诉我们了什么？

土壤颜色与其中的矿物类型、腐殖质含量、水分含量等都有关系。根据土壤的颜色，我们可以判断它的肥力是否充足，“因地制宜”，种植合适的农作物，还可以“对症下药”，对土壤进行改良，提高作物产量。土壤的颜色还会影响土壤温度，深色土壤吸收阳光的能力强，土温能较快升高，这与种子发芽、根系生长以及土壤微生物活动都密切相关。

五彩缤纷的雅丹地貌

人类能把地球挖穿吗？

让人着迷的地下世界

德国科学家魏格纳认为，岩石圈是由六大板块构成的……
板块漂浮在软流圈上的地幔顶部！

1864 年，法国作家儒勒·凡尔纳在《地心游记》中描绘了一个栩栩如生的地下世界，那里有波涛汹涌的大海、张牙舞爪的远古海兽、闻所未闻的奇花异草、随处可见的钻石……地下世界真的如此神奇吗？我们是否能挖穿地球，探索地心的奥秘？令人遗憾的是，我们现在所知的地球内部并不是凡尔纳笔下的梦幻模样。科学家们根据地震波在地下不同深度传播速度的变化发现，地球就像一颗“水煮蛋”。

打开地球的“身体”

地球内部可分为三个同心球层，从外到内分别是地壳、地幔和地核。地壳由不同类型的岩石组成，高低起伏，厚度不均。大陆下的地壳平均厚度约为 35 千米，而海洋下的地壳仅 5~10 千米。地壳相对于地球，只是薄薄的一层，其比例要远远小于蛋壳的厚度和鸡蛋半径的比例。地壳之下是厚度约 2800 千米的地幔，地幔对地球来说就像水煮蛋的蛋白部分，是地球内部体积和质量最大的圈层。在上地幔的上部存在一个软流圈，岩石在那里熔融形成岩浆。软流圈以上，也就是地幔顶部，由坚硬的岩石组成，和地壳共同构成了岩石圈。地球的中心——地核，分为外地核、过渡层和内地核三层。外地核物质和软流圈一样呈液态；最核心的内地核可能是由铁、镍等金属元素组成的固态物质，那里温度、压力都极高，实验推算地球核心温度约 6600°C。

喷发的火山

还没扎破地球的“皮”

然而，真实的地球内部到底是什么样子的，尚未可知。如今，探测器可以遨游太空，而对人类脚下的地球内部却鞭长莫及。迄今为止，世界上垂直深度最深的科拉超深井也只能到达地表之下 12 千米左右，大约只有地球直径的千分之一，连地壳这层“皮”都没有穿透。而挖这样一个超深井会面临高温、高压、坚硬地层等一系列困难，需要投入大量的人力、物力、财力。要想到达地幔乃至地核，人类还需要一代接一代为之努力。

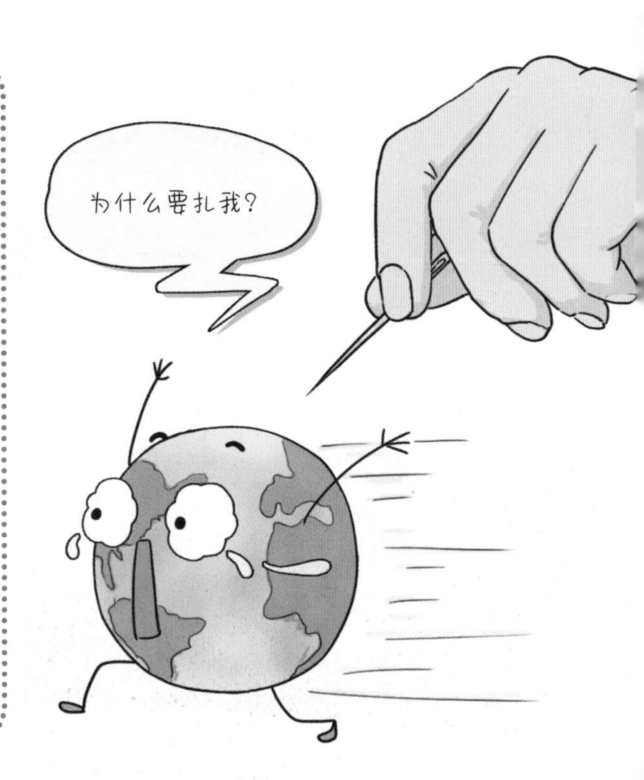

这种严肃的问题就交给科学家吧！

人类是怎样找到石油的？

如果有一天地球上的石油都用光了，怎么办？

地球为人类准备的“礼物”

石油是地球送给人类的一份“超级大礼”，自从它被开采利用以来，世界发生了奇妙的变化！人类不仅在石油的引领下走向了工业时代，还极尽创造力地把石油变成各种物品，让我们的世界变得丰富多彩。作为世界范围内使用最广泛的能源，石油在交通、工业和国防等领域都发挥着重要作用。除此之外，石油还与我们的日常生活息息相关，制造塑料制品、合成纤维、化肥、农药甚至香水都有石油的“功劳”。

石油究竟是怎么形成的呢？

石油是由多种有机化合物混合而成的深褐色可燃性液态矿物。地球上的很多动植物都含有丰富的脂质、蛋白质和碳水化合物等有机物质。当它们死亡后，遗体被沉积物覆盖并逐渐被埋藏于地下，在厌氧环境下可免受完全生物降解，进而与沉积物混合形成了富含有机质的沉积层。随着地层的不断堆积，这些沉积物被埋得越来越深，并承受着不断升高的温度和压力。最终，在经历了一系列极其复杂的化学反应后，它们被逐渐转化成了石油。

在哪里能找到石油？

自从 5 亿年前地球上出现生命开始，石油便逐渐登上了历史舞台。生物种类是否繁多决定了一个地方能不能产生石油、产生石油的多少。但这并不是唯一的条件，生物遗体还必须被及时快速地掩埋起来，以免与空气接触。这是因为只有讨厌氧气的微生物才能将有机质中的氮、磷等元素分离出来，留下能形成石油的碳、氢元素。在地球上，满足这些条件的地方被地质学家统称为“沉积盆地”。盆地一般中间低、四周高，于是河流携带着泥沙和有机物在这里堆积，经过亿万年的积累和演化，最终形成了丰富的石油资源。

克拉玛依的
雅丹地貌
克拉玛依油田
长颈鹿？
你没觉得抽油机长得像一种动物吗？

你知道吗？

现如今石油资源丰富的地区在地质历史上都曾经是沉积盆地，比如著名的中东波斯湾地区就属于波斯湾盆地，我国著名的大庆油田也坐落于松辽盆地。这些盆地拥有非常丰富的石油资源，有的还拥有很多其他矿产资源，是地球上名副其实的“聚宝盆”。

世界上有什么奇怪的地貌？

神秘的雅丹地貌

雅丹地貌是一种典型的风蚀性地貌，它分布于地球上极端干旱或部分干旱区。在我国甘肃和新疆两省的交界处、塔里木盆地的东缘，有座一望无垠的“魔鬼城”，经过数万年的风吹雨淋，这里原本平坦的地表变得支离破碎、凹凸不平，形成许多沟槽和垄脊，呈现出典型的雅丹地貌特征。

多彩的丹霞地貌

在中国广东省韶关市的仁化县，有一片“色如渥丹，灿若明霞”的红色山地，被称为丹霞山，它以独特的丹霞地貌而闻名。一根根擎天石柱、一簇簇朱石蘑菇、一座座“断壁颓垣”拔地而起，造型奇特，色彩鲜明。丹霞地貌是由陆相红色砂砾岩构成的具有陡峭坡面的各种地貌形态，其形成的必要条件是砂砾岩层巨厚，垂直节理发育。

奇异的喀斯特地貌

在我国的云南省昆明市有一座著名的“石头森林”。石林里奇峰林立，有的矗立如树，有的峻拔如墙，千姿百态，十分壮观。除此以外，那里还有奇石、溶沟、溶蚀洼地、溶洞、落水洞等自然景观，这就是喀斯特地貌，也称为岩溶地貌。简单地说，喀斯特地貌的成因就是地下水和地表水对可溶性岩石进行溶蚀和沉淀，从而改变了地面和地下形态。

“逃跑”的沙丘

在我国西北部横亘着一条蜿蜒的“沙漠长龙”——浑善达克沙地，其原始地貌已被黄沙所覆盖。在这片沙漠中，分布着一座座不断移动的“沙丘”，宛如海洋中翻腾的波浪。而沙丘之所以会移动和改变形状，主要是由于风的作用。风吹过沙丘表面时，会将沙粒吹向空中，而这些沙粒会在风力减弱的地方重新降落。

壮丽的河谷

在青藏高原之上，盘踞着世界上最大、最深的峡谷——雅鲁藏布大峡谷。这条峡谷长达 500 米，平均深度 2000 多米，最深处足足有 6009 米！科考发现，在大峡谷的剖面上，分布着从高山冰雪带到低河谷热带雨林带等 9 个气候带，生物资源极其丰富，因此这里也被称为“打开地球历史之门的锁孔”。雅鲁藏布大峡谷正是内外力共同作用的产物：地壳板块碰撞挤压，使青藏高原抬升隆起，同时，由于雅鲁藏布江的流水长期侵蚀作用，切穿了喜马拉雅山脉，形成了深邃的峡谷，进一步塑造了这一宏伟的河谷地貌。

为什么会出现厄尔尼诺现象？

今年为什么会这么热？
当然是因为“厄尔尼诺”在“闹脾气”！

你听说过秘鲁渔场吗？

在太平洋东南岸的南美洲地区，分布着秘鲁、厄瓜多尔等西班牙语国家。这些国家的西部海域中，有世界四大渔场之一的秘鲁渔场。如此丰富的渔业资源得益于得天独厚的自然条件。秘鲁沿岸处在东南信风带内，东南信风从大陆吹向太平洋，使海洋表层温暖的海水离岸而去，于是深层寒冷的海水翻涌而上，带来了海底丰富的营养物质，为鱼虾提供饵料，从而形成大渔场。

什么是厄尔尼诺现象？

然而，每隔几年，这里的渔场便会发生奇怪的现象。届时，海水会突然升温，造成鱼虾大量死亡。由于发生的时节基本在年底到来年的春天，刚好是西方圣诞节前后，所以南美洲人就将这种奇怪的现象称为“厄尔尼诺”，这个名字在西班牙语中是“圣婴”的意思。厄尔尼诺现象出现的根本原因至今仍是一个谜。科学家推测，它可能是由海底火山喷发引起的，也有可能与地球自转速度变化有关，但目前还没有形成定论。

厄尔尼诺现象会带来什么灾难?

厄尔尼诺现象平均每 2~7 年就会发生一次，每次通常持续 9~12 个月。

当厄尔尼诺现象出现时，东南信风减弱，与正常年份相反，表层温暖的海水会从西太平洋迅速向东扩展，导致西太平洋冷水上涌，海温降低，而东部海水温度则异常上升。于是在秘鲁沿岸，海面水温升高，冷海水上升减弱，下层海水中的营养物质不再上涌，导致鱼类大量死亡，大批鸟类也因饥饿而死。厄尔尼诺现象发生时，会导致太平洋中东部暴雨连降、洪水泛滥，而在西边造成严重干旱。

你知道吗?

在厄尔尼诺发展期，澳大利亚东南部降水异常减少，亚马孙河流域易遭旱灾，而拉丁美洲易发洪水……虽然厄尔尼诺现象发生在赤道中东太平洋区域，但通过大气和海水的循环作用，它的威力也能波及全球。我国气候受厄尔尼诺现象的影响也很大，在厄尔尼诺发展年，夏季气温变得更热；秋季北方更加干旱，南方却可能发生洪涝灾害。

只有地球上才有水吗？

地球上有几大洋？

太平洋、大西洋、印度洋和北冰洋。

海洋对地球上的生命很慷慨

海洋约占地球表面积的四分之三，占地球全部水资源的 97%，是地球生命的起源地，被誉为“地球生命的摇篮”。尽管人类不生活在海水里，但它依然对我们非常重要。海洋不仅制造了地球上至少一半的氧气，负担着全球水体循环系统的运转，还为不计其数的生物提供了广袤的栖息地。从微小的浮游生物到巨大的鲸鱼，它们世世代代都受到海洋的庇护。

我也不知道啊……
这么多的水到底是从哪里来的呢？

地球上的水从何而来？

看看你的周围，几乎没有什么东西是不包含水分的，甚至连你自己身体的 70% 左右都是水。关于地球上的水的来历，科学家们提出了很多假说：可能来源于地球附近的小行星，也可能来自原始大气，甚至还可能是从砌成地球的“砖块”里释放出来的。尽管还不清楚地球上的水的来源，人类却已经在地球以外的地方发现了水的踪迹。这意味着有些星球可能存在生命，人类或许并非孤独地生活在浩瀚无垠的宇宙中。

宇宙里的水在哪里？

事实上，在我们熟悉的太阳系内，水并不稀罕。地球的含水量大约为 13.8 亿立方千米，而太阳系内的总水量大约是地球的 10 万至 20 万倍。木卫二是离木星第二近的卫星，它拥有的水资源比地球的多得多，简直就是一颗不折不扣的“水球”。科学家发现，在这颗星球的表面覆盖着一层厚约 50 米、布满裂缝的冰层，而冰层之下很可能存在太阳系内最深的海洋，其水量可能是地球海洋水量的两倍还要多！

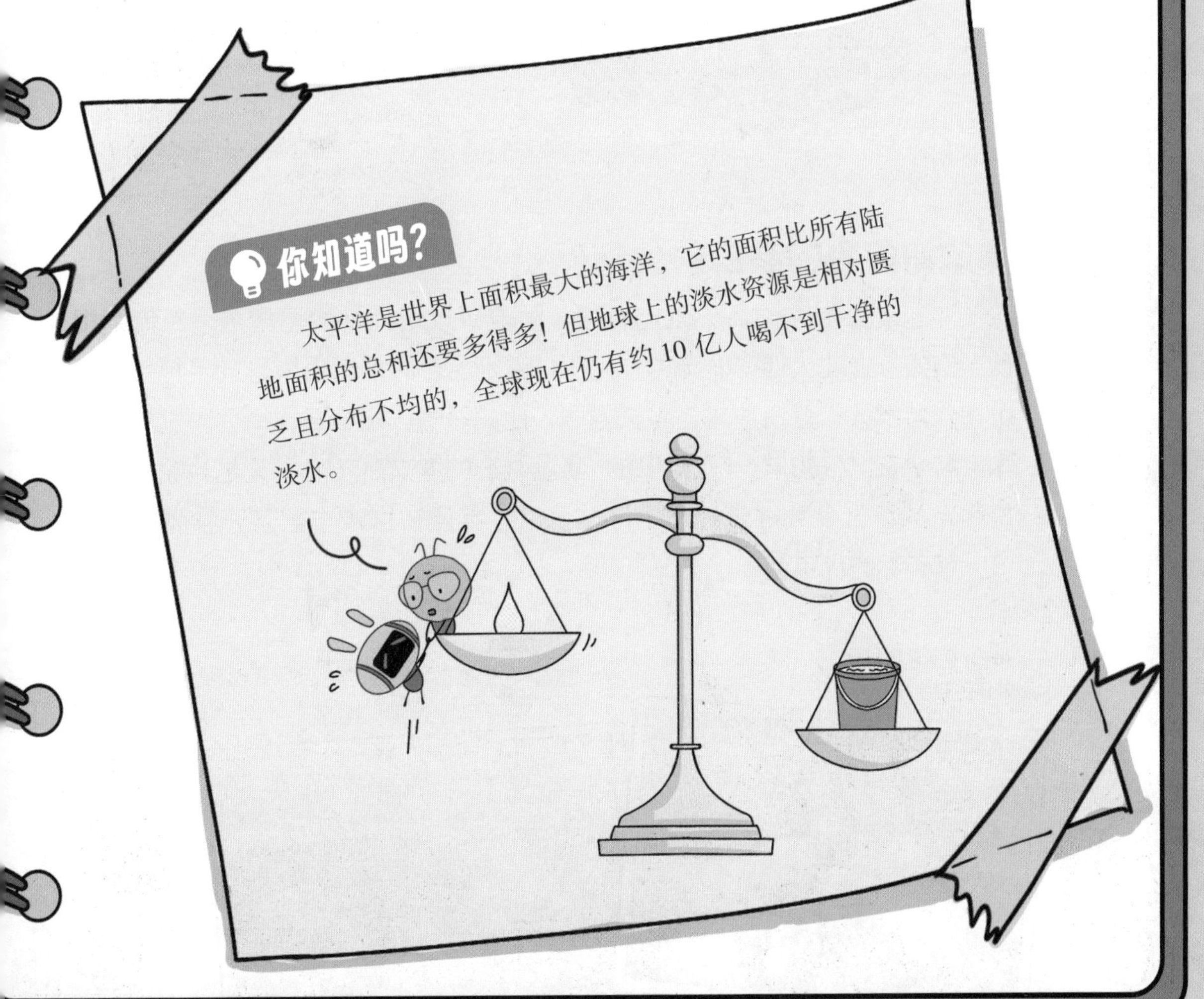

你知道吗？

太平洋是世界上面积最大的海洋，它的面积比所有陆地面积的总和还要多得多！但地球上的淡水资源是相对匮乏且分布不均的，全球现在仍有约 10 亿人喝不到干净的淡水。

海洋里为什么会有洋流？

为什么我们越漂越远？
我们好像选错洋流了……

什么是洋流？

海洋里的海水并不是静止不动的，除了我们熟悉的潮涨潮落，海水还会大规模地定向流动，形成“洋流”。从低纬度温暖海域流向高纬度低温海域的洋流称为暖流，反之则称为寒流。洋流对人类生活和地球环境有着巨大的影响。早在明朝初期，我国著名的航海家郑和曾 7 次下西洋，几乎每次都选在冬季出发，夏季返航，这样刚好都能顺着洋流的方向，提高船队行驶的速度。

洋流如何影响我们的生活？

洋流还会影响沿海大陆的气候，暖流可以给陆地增温增湿，寒流则相反。例如，在北大西洋暖流的作用下，欧洲西部和北部沿岸形成了特殊的温带海洋性气候，夏日凉爽，冬天温和，比如丹麦、葡萄牙、荷兰、比利时等国家就受该气候影响。这么说来，降温减湿的寒流是不是一无是处呢？答案是否定的。大多数寒流经过的区域，沿岸都伴有携带丰富营养物质的上升流，是天然的优良渔场。

温带海洋性气候主要分布在大陆西岸南北纬 40°～60°之间的地区。

这里一年四季盛行温暖湿润的偏西风。

谁让洋流运动起来?

看似“柔弱”的风，其实蕴含着巨大的能量。风不断推动海水流动，形成规模巨大的“风海流”，风海流是世界各大洋近表层的主要洋流类型。

除此之外，由于不同的海域接受太阳照射的情况不同，海水温度也会出现差异。由于热胀冷缩，温度高的海水体积膨胀，密度就会变小，海面会升高一些；相反，温度较低的海水海面低一些。于是，温暖的海水就会流向海面较低的海域，形成“密度流”。海水中盐含量的差异也会引起密度流，海水盐度较低时海水密度较小，水面高度则较高；海水盐度较高时海水密度增加，导致水面温度降低。例如，大西洋表层海水比较“淡”，就会通过直布罗陀海峡流入“咸”一些的地中海里。

还有一些被称为“补偿流”的洋流是被动形成的，当某一海域的海水减少时，相邻区域的海水会前来补充。补偿流既可以水平流动，又可以垂直流动，著名的秘鲁寒流就属于上升补偿流。

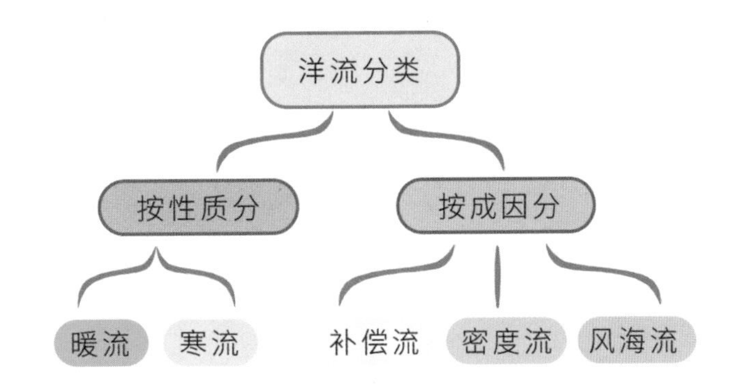

直布罗陀海峡是连接地中海与大西洋的狭窄水道。
虽然密度流对气候影响并不大，但有些海洋生物需要借助密度流洄游和捕猎。

航行时会遇到什么危险？

去征服大海吧！

自古以来，人类都对大海充满了好奇和向往。早在 1405 年，明朝航海家郑和就曾受皇帝之命带领 2 万名士兵，乘坐 62 艘大船，浩浩荡荡，出使海外。在此后的 28 年间，郑和一共下西洋 7 次，在最后一次航行返航途中，因劳累过度病逝在印度西海岸。在 15 世纪到 17 世纪，欧洲也涌现了一大批航海家，其中就有发现新大陆的哥伦布和完成首次环球航行的麦哲伦。他们开辟的新航路，打破了各大洲之间的孤立状态，世界以此为契机开始融合为一个整体。

海底沉船

大自然力量让人敬畏

然而，无论是郑和还是欧洲的航海家，在航行时都遇到了很多艰难困苦。海上航行最大的挑战就是多变的天气。飓风或大浪能直接造成船舶颠簸、倾斜，甚至“粉碎”船只。尽管现代航海技术能很好地监测海底地震、火山喷发等情况，但对于没有先进技术的古人，一旦遭遇这些状况，其后果可能就是“无人生还”了。突发的海底地震还可能引发海啸，海浪组成的“水墙”在近岸处的高度可达数十米，对停靠在港口的船舶也有极强的破坏力。

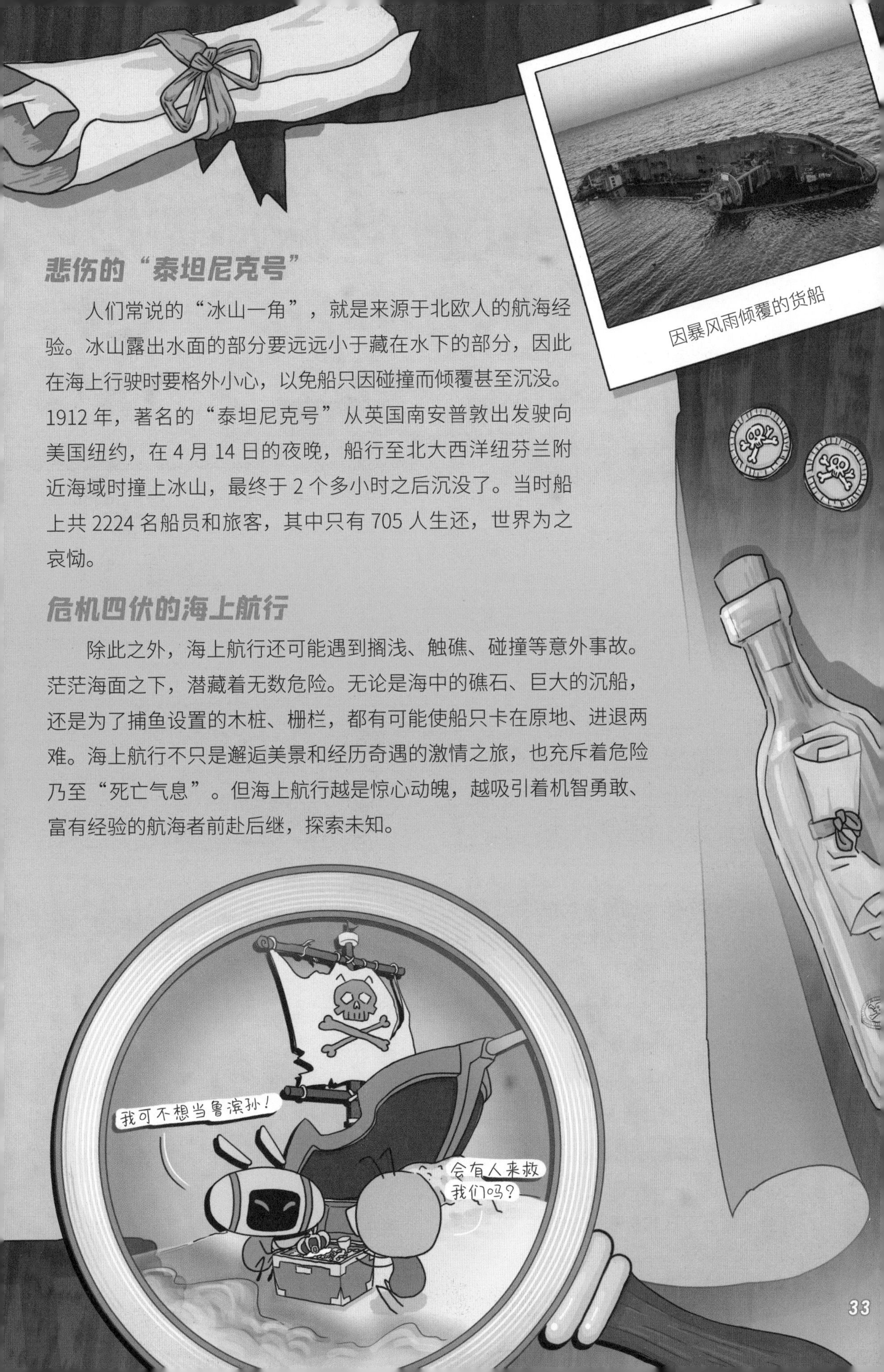

我可不想当鲁滨孙！
会有人来救我们吗？

因暴风雨倾覆的货船

悲伤的“泰坦尼克号”

人们常说的“冰山一角”，就是来源于北欧人的航海经验。冰山露出水面的部分要远远小于藏在水下的部分，因此在海上行驶时要格外小心，以免船只因碰撞而倾覆甚至沉没。1912 年，著名的“泰坦尼克号”从英国南安普敦出发驶向美国纽约，在 4 月 14 日的夜晚，船行至北大西洋纽芬兰附近海域时撞上冰山，最终于 2 个多小时之后沉没了。当时船上共 2224 名船员和旅客，其中只有 705 人生还，世界为之哀恸。

危机四伏的海上航行

除此之外，海上航行还可能遇到搁浅、触礁、碰撞等意外事故。茫茫海面之下，潜藏着无数危险。无论是海中的礁石、巨大的沉船，还是为了捕鱼设置的木桩、栅栏，都有可能使船只卡在原地、进退两难。海上航行不只是邂逅美景和经历奇遇的激情之旅，也充斥着危险乃至“死亡气息”。但海上航行越是惊心动魄，越吸引着机智勇敢、富有经验的航海者前赴后继，探索未知。

这礁石坐着有点硌屁股……
还不是因为你非要过来拍照，咱们俩才被困在这里！

海水为什么会涨涨落落？

会“呼吸”的大海

如果你曾到过海边玩耍，一定会发现大海“呼吸”的秘密。有时，海水涨到岸边，一望无际的海面上，船只往来穿梭，大轮船昂然驶进海港；有时，海水却退到了离岸很远的地方，大片金黄的沙滩或泥泞的滩涂露出水面，人们卷起裤腿，在岸边捡拾贝壳。一天中，海水有规律地涨涨落落，恰似大海在“呼吸”。

这是钱塘江大潮退去后留下的“大地之树”！

潮汐现象是怎么产生的呢？

科学家研究发现，地球上的潮汐变化主要与月球的引力有关。月球与地球上的任何物体都会相互吸引，我们之所以感受不到，是因为人体的质量太轻。但对于地球上成千上万吨的海水来说，月球的引力就无法忽略了。

当海洋随地球转到面对月球的一侧时，月球对海水的引潮力最大，海水倾向于靠近月球，因此海水上涨。而当海洋随着地球转到背对月亮的一侧时，引潮力最小，海水倾向于远离月球，又一次造成海水上涨。这样一来，随着地球自转，海面就会在靠近月球和远离月球时上涨。

太阳没有出力吗？

其实，太阳对地球也有引力，也会影响地球上的潮汐，只是太阳离地球太远了，尽管太阳的质量远远大于月球，但它对海洋的影响不及月球大。农历的每月初一和十五，地球、月球和太阳的位置几乎处在一条直线上，此时月球、太阳对地球的引力最大，潮起潮落的变化也最大，这种现象被称为大潮。大约在农历的每月初八和二十三，太阳和月球形成直角，潮汐力相互抵消，形成潮差最小的小潮。

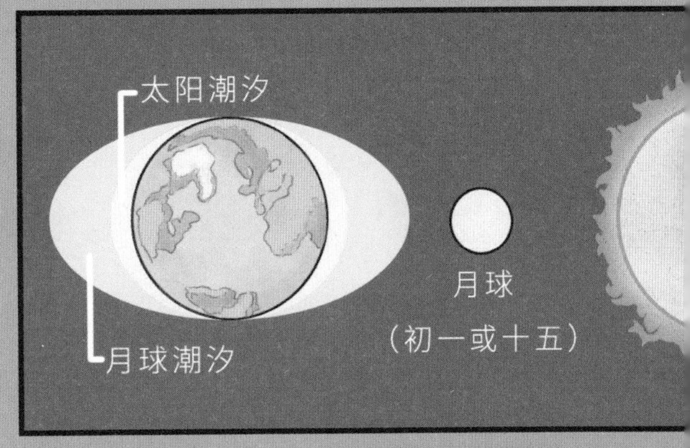

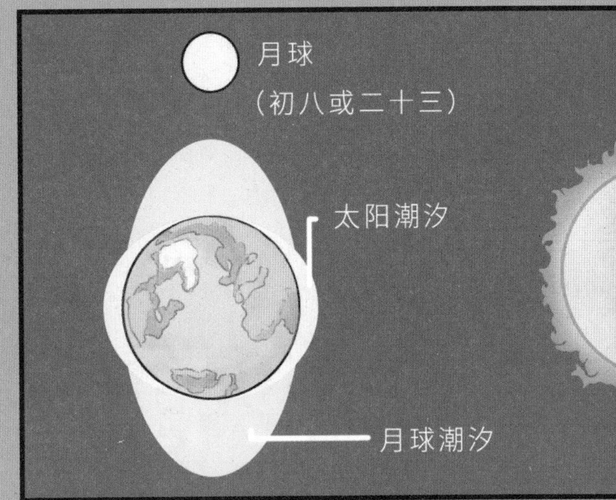

朝夕与潮汐

人们很早就发现，海水的涨落变化很有规律。在我国大部分海区，海水在白天上涨一次，接着下落；晚上又上涨一次，接着又下落。白天为“朝”，夜晚为“夕”。因此，古人将白天海水上涨称为“潮”，晚上海水上涨为“汐”。在潮汐的一个涨落周期内，水面升至最高的潮位，称为高潮，亦称“满潮”；水面降至最低的潮位，称为低潮，亦称“干潮”“枯潮”。

他们就是传说中
的“人鱼”吧？
他们也是鱼吗？
长得好奇怪……

海底也有裂谷和火山吗？

并不平坦的海底世界

如果将地球上的海水抽干，海底会是一块平坦的陆地吗？答案是否定的。陆地上雄伟的高原、低矮的丘陵、一望无际的平原、四面环山的盆地错落有致；在深不见底的海洋之下，同样有高耸的海山、起伏的海丘，还有绵延的海岭和深邃的海沟。值得一提的是，在海洋深处有一条贯穿世界各大洋、绵延数万公里的巨大海岭，被称为大洋中脊。它贯穿太平洋、印度洋、大西洋和北冰洋，形成了一个连续的海底山脉系列，就像一条盘旋在海底的巨龙。

神奇的大洋中脊

这条“深海巨龙”并不是蛰伏在海底静止不动的，相反，它是现代地壳运动最活跃的地带。大洋中脊位于两个分离型板块的边界，在那里两个板块“背道而驰”，相互分离，这种运动模式导致了地壳的扩张和新的海洋地壳的形成。于是在地壳的裂口处，火山喷发和地震频繁发生，熔融的岩浆沿着大洋中脊的轴不断上升，并向两侧朝着大陆的方向缓慢移动，逐渐凝固扩张。

骑在“龙”背上的国家——冰岛

利特里－赫鲁图尔火山

杰古沙龙冰河湖

在大西洋海岭的北部，大洋中脊的火山熔岩不断冷却堆积，最终露出海面成为一座岛屿——冰岛。冰岛靠近北极圈，全境超过 10% 的面积被冰川覆盖，却有着数百座火山，几乎整个国家都建立在火山岩石上，因此也被称为“冰火之国”。

海底的火山

除了大洋中脊，海底的很多地方都会频繁出现火山喷发。原因之一是海洋之下的地壳比大陆地壳薄得多。海底火山喷发时，如果海水较浅，常常能看到壮观的爆炸景象，大量气体喷薄而出，携带着炽热的岩浆，在空中冷凝为火山灰和火山碎屑。

好长、好长的马里亚纳海沟

两块大陆板块相互靠近，会隆起抬升成山脉，比如著名的喜马拉雅山。而当海洋板块与大陆板块相撞时，海洋板块会俯冲插入大陆板块之下，在碰撞处形成深邃的海沟。在菲律宾东北、马里亚纳群岛附近的太平洋底，分布着一条长 2000 多米、深度超过 10000 米的海沟——马里亚纳海沟。人类对它的探索始于 20 世纪 50 年代，我国“奋斗者”号载人潜水器于 2020 年在马里亚纳海沟成功坐底，带回了海沟底部珍贵的岩石、海水和生物样品。

这里不只住着大熊猫

中国的大熊猫国家公园是中国为了更好地保护大熊猫及其栖息地而设立的一个大型自然保护区域。它横跨四川、陕西和甘肃三个省份，总面积约为 27 134 平方千米。这里不仅是大熊猫的家园，还生活着金丝猴、金钱豹等多种国家重点保护动物，以及红豆杉等珍稀植物。

环境独特的"三江源"

三江源国家公园位于中国青海省南部，地处青藏高原腹地，是长江、黄河和澜沧江的发源地，因此这一区域被称为"中华水塔"。三江源国家公园不仅拥有壮观的自然景观，如群山、草原、雪山、湿地等，这里还生活着大量珍稀物种，其中包括藏羚羊、雪豹、白唇鹿、野牦牛等。

这个国家公园不一般

东北虎豹国家公园位于中国东北吉林、黑龙江两省交界处，这里属于亚洲温带针阔混交林生态系统的中心地带，是野生东北虎和东北豹的定居与繁育区域，也是北半球温带区生物多样性最丰富的地区之一。截至 2024 年，该地的东北虎的数量约为 50 只，东北豹的数量约为 60 只。

飘着茶香的武夷山

武夷山国家公园位于中国福建省西北部与江西省的交界处，是世界文化和自然双遗产地，以其独特的自然风光和丰富的文化遗产而闻名。这里不仅是世界著名的风景名胜区，还是许多珍稀物种的栖息地。武夷山还是中国著名的茶叶产区之一，尤其以大红袍最为出名。

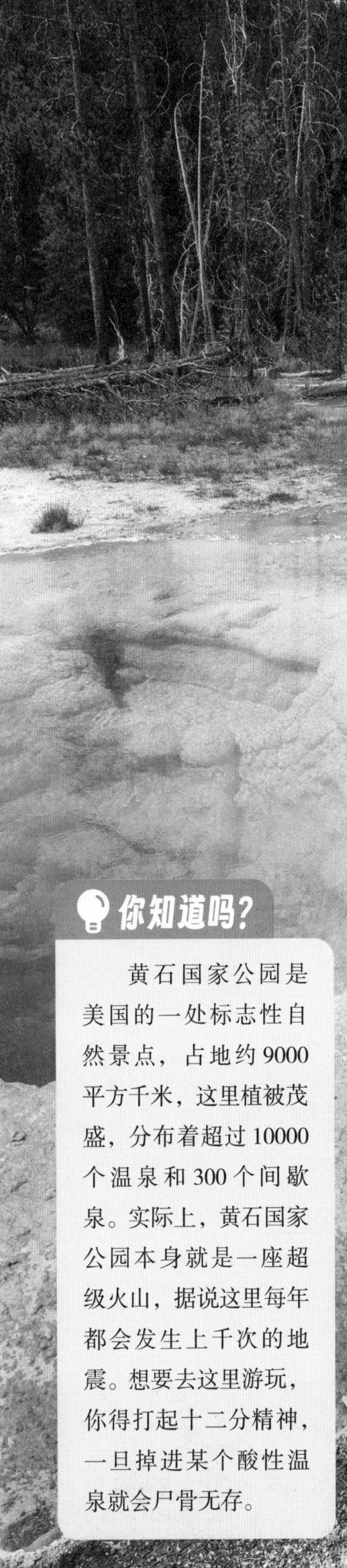

你知道吗？

黄石国家公园是美国的一处标志性自然景点，占地约 9000 平方千米，这里植被茂盛，分布着超过 10000 个温泉和 300 个间歇泉。实际上，黄石国家公园本身就是一座超级火山，据说这里每年都会发生上千次的地震。想要去这里游玩，你得打起十二分精神，一旦掉进某个酸性温泉就会尸骨无存。

谁敢去采“魔鬼的黄金”？

好累呀，你再出
点力气呀！
就这点活儿而已，别偷懒！

蓝色的火焰“喷涌”而出

在印度尼西亚爪哇岛东部，矗立着一座小山。白天，它被烟雾所环绕；而当夜幕降临，人们便能目睹山上燃起的高达四五米的“蓝色火焰”。这座山名为“卡瓦伊真”，是一座活跃的火山。印尼爪哇岛地处板块边缘，火山活动极为频繁，岛上的数十座雄伟火山连绵成线，卡瓦伊真火山正是其中之一。火山口一带所见的蓝色火焰，实际上是硫黄气体被点燃形成的。

卡瓦伊真火山湖深 200 米，占地 0.41 平方千米。它虽然看起来就像是蓝宝石一般美丽动人，却是世界上最为凶险的旅游胜地之一，甚至被称为“死亡之湖”。因为它里面的湖水堪比硫酸，掉进去的东西都会被腐蚀殆尽！

什么是硫黄？

卡瓦伊真火山因其火山口的硫酸湖及其硫黄矿床而闻名于世。硫黄是一种重要的矿石资源，可以用于制造硫酸、油漆、废料、颜料等。硫黄常常富集在火山口或温泉附近，这是因为地球内部有很多硫化氢气体，它们随火山喷出遇到氧气后，就会逐渐氧化形成硫黄。

据说，当地老百姓已经从事这项危险工作数十年了。
很多人因为生活贫困，只能捂上一条毛巾充当“防毒面具”。

谁有胆量去采“魔鬼的黄金”？

在卡瓦伊真火山附近，就蕴藏着大量硫黄。很多当地人为了谋生，会去采集火山口附近的硫黄矿石，然后一路挑下山，卖到附近的工厂。硫黄燃烧散发出的气体有很强的毒性，这些采矿工人每趟要担起上百斤的硫黄，冒着高温中暑和气体中毒的危险，爬过陡峭的山坡，再步行几千米送到称重的地方。这里的硫黄堪称“魔鬼的黄金”！不过，虽然他们挑着“黄金”，但每人每天走两趟也只能挣到几十元人民币而已。

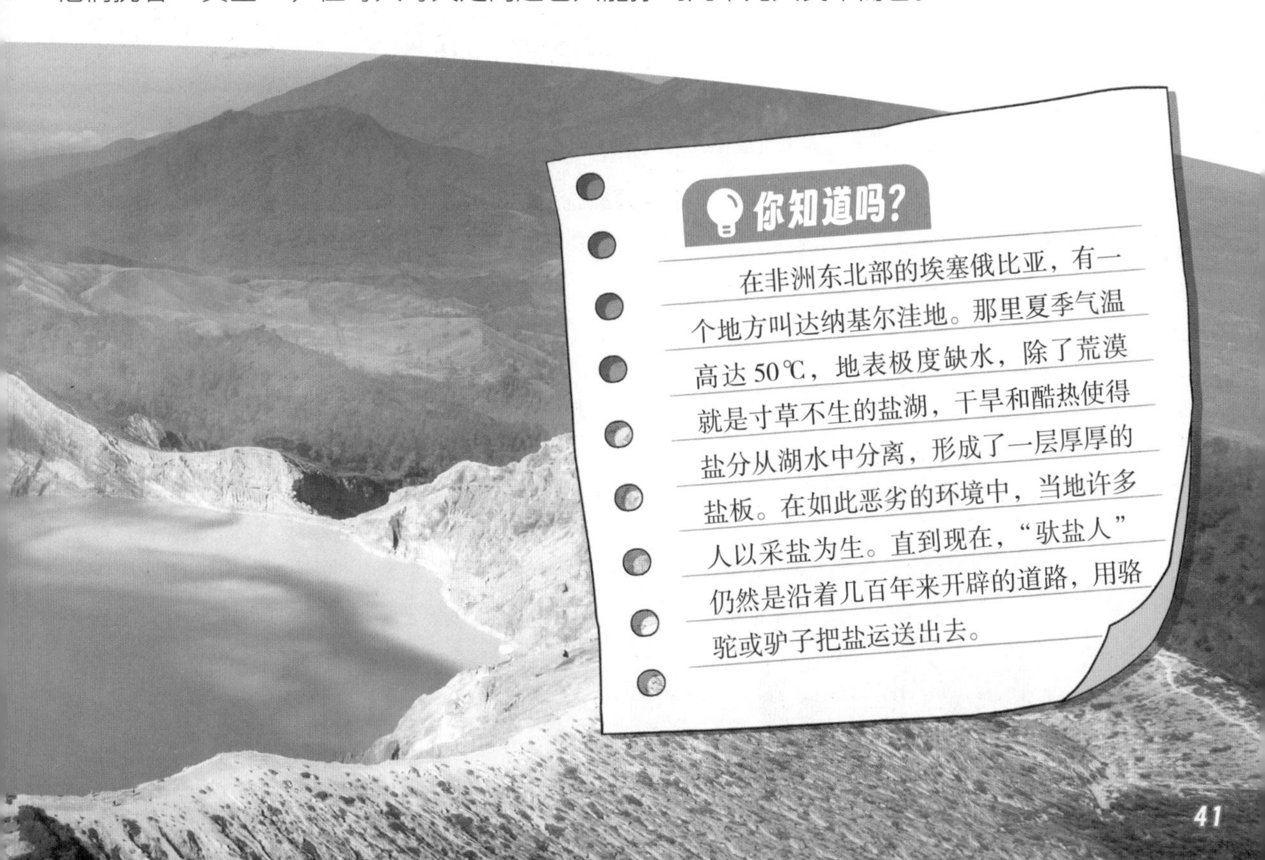

你知道吗？

在非洲东北部的埃塞俄比亚，有一个地方叫达纳基尔洼地。那里夏季气温高达50℃，地表极度缺水，除了荒漠就是寸草不生的盐湖，干旱和酷热使得盐分从湖水中分离，形成了一层厚厚的盐板。在如此恶劣的环境中，当地许多人以采盐为生。直到现在，“驮盐人”仍然是沿着几百年来开辟的道路，用骆驼或驴子把盐运送出去。

沙漠为什么是“生命禁区”？

忍一忍，这里可没有超市！
好热呀，我想喝冰凉的饮料……

看，有自动贩卖机，我要去买水！
那是海市蜃楼！

人迹罕至的沙漠

沙漠里极度干旱，植被荒芜，黄沙漫天，被称为“生命禁区”，是地球上最不适合人类生存的地方之一。也许你曾憧憬过一场奇妙的“沙漠探险”，然而沙漠远比你想象的危险得多！沙漠占据全球陆地总面积的20%，分布十分广泛。世界上大多数沙漠地区分布在赤道两侧，其中面积最大的撒哈拉沙漠就位于非洲北部。那里气温高、降雨少，久而久之，植被消亡，岩石逐渐被风化成为沙子，于是便形成了广袤壮观的“沙漠王国”。

防晒很重要！

你知道吗？

沙漠中的大多数沙丘并不是永久固定的，它们经常受到风力的影响而移动，甚至有可能完全消失。因此，如果在沙漠中迷路，选择那些可能会移动甚至消失的沙丘作为导航参考，对于我们逃离沙漠并没有帮助。

为什么人难以走出沙漠？

首先，沙漠缺少人类生存必需的水。而且沙漠的昼夜温差极大，白天的高温让人无处躲藏，到了夜间，温度又会骤降。这主要是因为，沙漠地区既无植被，也没有水蒸发形成的云彩。因此，白天在太阳的照射下，沙子快速吸热升温，夜晚又很快散热降温。

沙漠中还有许多流沙区，一旦不小心踩上去，就会像陷入沼泽一样被沙子吞噬。研究表明，将脚从流沙中拔出来需要抬起一辆汽车的力量，因此几乎没有人能从中安全逃脱。

除了这些原因，进入沙漠还有一件非常危险的事，那就是迷路。一旦在沙漠中迷路，生还概率几乎为零。一般来说，我们迷路之后只要朝着一个方向走，总能找到出路。但这种方法只有当周围存在参照物时才行得通，比如参照树木或者建筑物。想象在一望无际的沙漠中，周围全部被黄沙掩盖，又恰逢太阳藏在厚厚的云层之后。因此我们很难判断方向，即便认准了方向也很难按照计划走出沙漠。

神秘而恐怖的罗布泊

自然灾害到底有多可怕？

洪水

洪水是指河流、湖泊、海洋或其他水体的水位异常上升，超出正常水位范围，导致大量水溢出，淹没了原本干燥的土地或建筑物。持续的强降雨或暴雨可以迅速提升河流和湖泊的水位。河流流经的地区如果地势低洼，容易在降雨或融雪时发生洪水。洪水会淹没农田，破坏房屋和基础设施，导致农作物减产或绝收。洪水还可能导致饮用水源受到污染。

地震

地震通常由板块运动、断层活动、火山活动或人类活动引发。地震可造成地表破坏、建筑物倒塌、次生灾害（如海啸和山体滑坡），以及大量人员伤亡和重大经济损失。为减轻地震危害，需加强地震监测，提高建筑抗震标准，普及防灾知识，并制定应急预案。

台风

台风是一种强烈的热带气旋，通常在西北太平洋地区形成和发展。它是由于热带海洋表面水温高、湿度大，导致大气不稳定，暖湿空气上升，形成低气压中心。随着地球自转，气流旋转并逐渐加强，最终形成具有巨大能量的气旋。台风带来的强风、暴雨和台风风暴潮，可能引发洪水、山体滑坡等次生灾害。台风风暴潮指的是，台风、飓风或其他强烈的风暴活动可能引起海平面上升，导致沿海地区发生洪水灾害。

暴雪

暴雪灾害会导致交通中断、基础设施受损、农作物受害以及生活物资供应困难等情况。它通常伴随着强风和低温，能见度降低，对人们的日常生活和出行安全构成威胁。暴雪还可能引发雪崩和房屋倒塌等次生灾害。深厚的积雪会掩埋道路，导致公路、铁路交通受阻，影响人员和物资的运输。

沙尘暴

沙尘暴是一种严重的风沙天气现象，通常发生在干旱或半干旱地区。它是由于强风将大量沙粒和尘埃卷起，形成能见度极低的沙尘云。沙尘暴不仅会降低空气质量，影响人类健康，增加患呼吸道疾病的风险，还可能对交通运输、农业生产和生态环境造成损害。沙尘暴的形成需要三个条件：充足的沙源、强劲的风力和不稳定的空气状态。

银河系长得像一个荷包蛋？

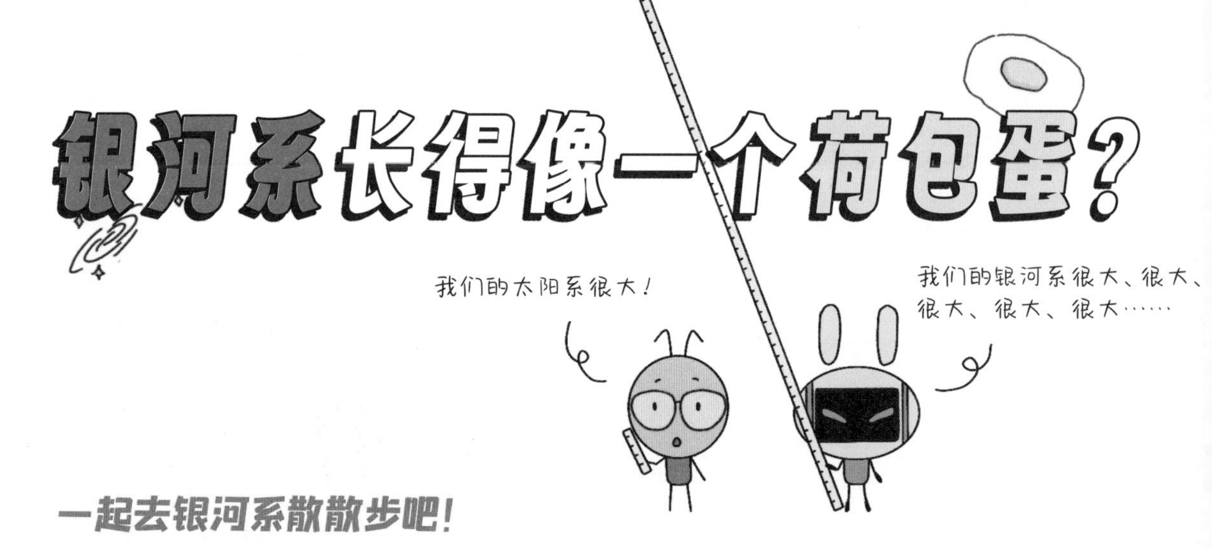

我们的太阳系很大！
我们的银河系很大、很大、很大、很大、很大……

一起去银河系散散步吧！

如果你能站在银河系外，就会发现银河系长得很像一个巨大的荷包蛋。银河系中心鼓起来的“蛋黄”，包括核球和银心两部分。核球里面装着很多年龄已经超过数十亿年的老年恒星，而神秘的银心，则被认为其内可能隐藏着一个超大质量黑洞。银河系向周围摊开的“蛋白”是银盘、银晕和银冕等，这里聚集着相对较年轻的恒星、疏散星团、弥漫星云、暗星云等。

注意，光年是测量天体距离的一种单位，1 光年等于光在真空中一年内行经的距离，约为 9.461 万亿千米哦！

银河系里面有什么？

你看见过银河吗？在黑暗的天空中，它既像一条泛着光泽的绸缎，又像一条熠熠生辉的河流。有科学家推测，银河系拥有数千亿颗恒星。我们肉眼可见的亮星，在中等望远镜中能看到的数百万颗星的大部分，还有不计其数的疏散星团和球状星团，以及所有沿着银河紧密排布的众多星云等，都是银河系的一部分。

你知道吗？

2023 年，我国科学家提出一种对银河系旋臂形态的新认识，即银河系由内部对称两旋臂和外部多条不规则旋臂组成。内部的两旋臂名为英仙臂和矩尺臂，外部的不规则旋臂则包括人马臂、船底臂、本地臂等。虽然这些旋臂粗细不一、长短不同，但它们都围绕银河系的中心，一刻也不停地旋转着。

听说，我们无法看到银河系的全貌，这是真的吗？
是的，因为银河系里面存在着很多无法观测的暗物质。

太阳系在银河系的哪里？

太阳系处在银河系较边缘的地带，距离银河系的中心大概有 2.6 万光年那么远。在银河系中，除了位于中心的恒星，其他恒星（包括太阳）都要围绕中心，以相似的速度运转，且每过约 2.5 亿年才能绕完一整圈。这样一听，你是不是觉得银河系超级大？然而，对于广阔无垠的宇宙而言，如此壮观的银河系也只是它所拥有的、数不胜数的星系中的一个。

太阳系是怎样诞生的？

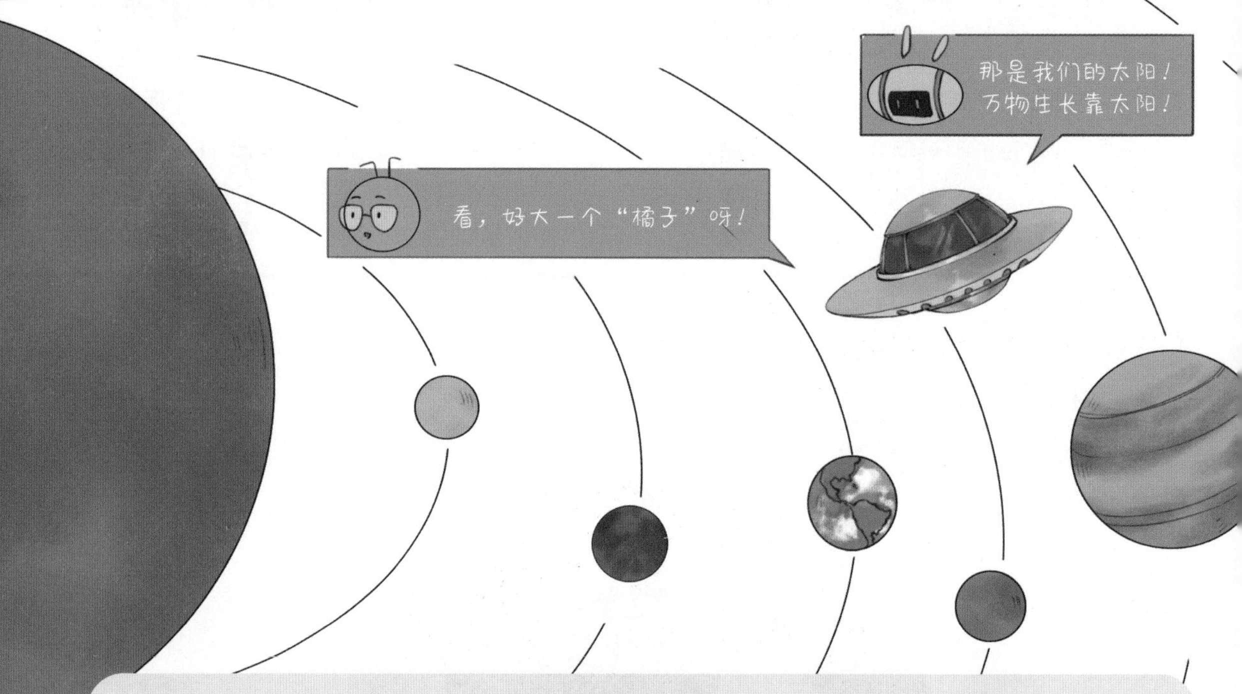

看，好大一个“橘子”呀！
那是我们的太阳！
万物生长靠太阳！

太阳系里有什么？

太阳系是宇宙中的一个天体系统，由太阳、行星及其卫星、小行星、彗星、流星体和行星际物质等组成。太阳是太阳系中的唯一一颗恒星，有八颗行星在固定的椭圆形轨道上围绕着太阳运转，按照离太阳从近到远的顺序排列，分别为：水星、金星、地球、火星、木星、土星、天王星、海王星。太阳就像一个炙热的大火球，无时无刻不在向外释放着光和热，如果失去了它，地球就会迅速变成一个硬邦邦的大冰坨子！

先有太阳，后有太阳系？

大约 45 亿年前，在黑漆漆的宇宙中，一片由大量尘埃、氦气和氢气构成的云团突然发生了大爆炸，紧接着太阳星云出现了。太阳星云看起来就像是一个巨大的盘子，它不停地转啊转，转啊转，并向内塌陷，变得越来越小。最后，太阳在它的怀抱中诞生了！太阳诞生后，它周围的尘埃与碎石相互粘连，不断变大，气体相互挤压，凝聚成球形，形成了行星、卫星等各种天体。等到很多年过去后，太阳系才“呱（gū）呱坠地”。

太阳可以被分成几部分?

太阳是太阳系中体积最大、质量最大的天体，它由内到外依次可以被分成核心、辐射区、对流层、光球层、色球层、日冕(miǎn)层共六个部分。核心、辐射区、对流层组成了太阳的内部，光球层、色球层、日冕层组成了太阳的大气层。

太阳有一天也会灭亡吗?

当老的恒星爆炸后，它遗留下来的物质就会形成新的恒星，而我们的太阳就是第二代或第三代恒星。现在，这个大火球正以每秒 400 万吨的速度损失质量，燃烧着它内部的气体并源源不断地释放出巨大的能量。等到气体燃烧殆尽，与别的恒星一样，太阳也会迎来生命终结的那一天。

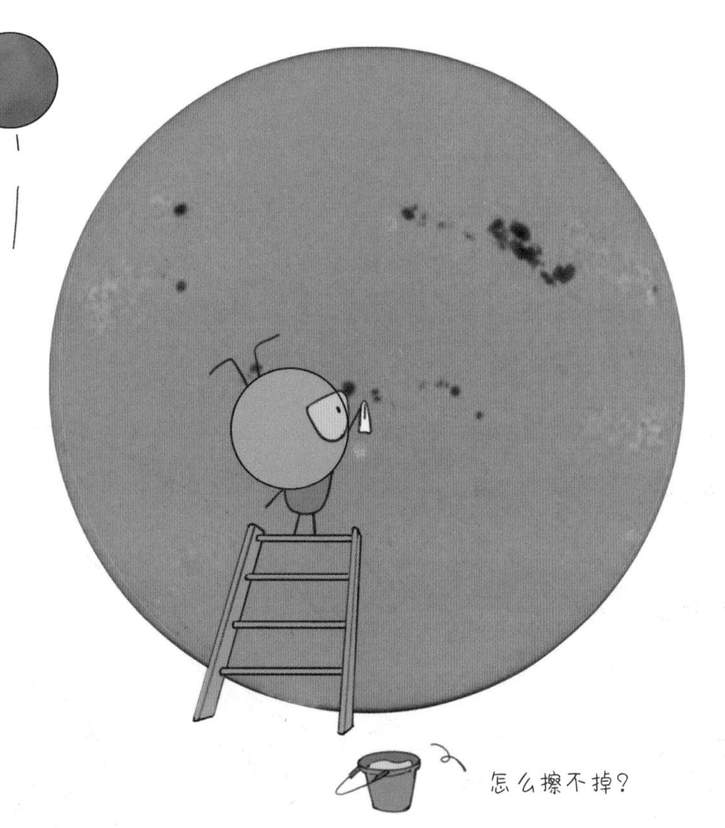

你知道吗?

太阳的脸上为什么长着“小雀斑”?

通过望远镜观察太阳时，我们会在其表面上看到一些黑色的斑点。这些“小雀斑”形状各异，有时甚至会连成一片，科学家把它们叫作太阳黑子。那么，为什么会出现这种情况呢?这是因为太阳黑子的温度比周围的低，所以它们看起来比较暗淡。

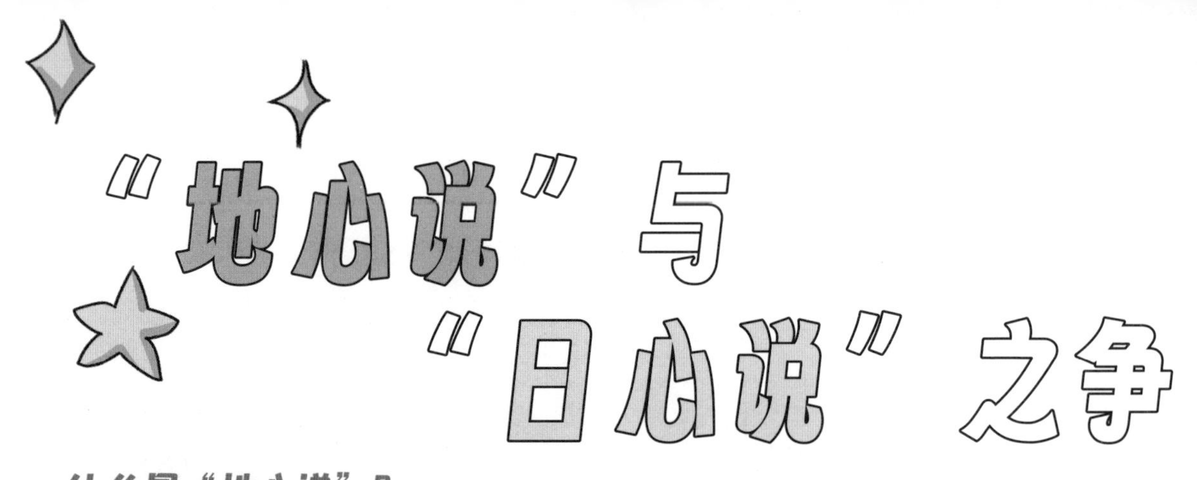

“地心说”与“日心说”之争

什么是“地心说”？

“地心说”认为，地球是宇宙的中心，宇宙中的所有天体都在围绕地球运转。这种说法最早出现在公元前 6 世纪，后来由古希腊天文学家托勒密发展为系统的理论。虽然在今天我们已经知道地球不过是宇宙中的一粒尘埃，但对只能通过肉眼观察宇宙的古人来说，“地心说”的出现是具有重要意义的，因为他们意识到——宇宙中的天体有主有次，不能混为一谈。

宇宙其实没有中心？

有些科学家认为宇宙其实是没有中心的，因为自它诞生起就在无休无止地向外膨胀，这意味着它可能没有固定的形状。那么，宇宙在未来也会一直膨胀下去吗？尚不确定。如果有一天，宇宙膨胀的速度变得越来越快，直到突破了一个临界点，宇宙中的一切物质都将在瞬间被撕得粉碎，变成粒子。

《天体运行论》曾是禁书？

1543 年，波兰天文学家哥白尼出版了一部天文学著作《天体运行论》，并提出了“日心说”。“日心说”认为，月球围绕地球运转，地球围绕太阳运转，太阳才是宇宙的中心。不过，由于当时的欧洲人长期被宗教思想所束缚，这种理论对他们来说，实在是太过惊世骇俗，所以在整个 17 世纪，“日心说”都没能被欧洲科学界和社会所广泛接受。《天体运行论》更是一度被视为“洪水猛兽”，成了禁书。

你的本职不是医生吗？
为什么要研究天文学？

勇于探索真理
是人的本能！

牛顿发挥了决定性的作用？

在漫长的中世纪，为了更好地维护统治，教会极力推崇“地心说”。1600 年，意大利哲学家布鲁诺就因为支持“日心说”、反对罗马教廷的腐朽制度，而被教皇判处火刑。直到 1687 年，牛顿发表了极具影响力的物理学著作《自然哲学的数学原理》，宣告了“地心说”的破产，也标志着在这场持续了一个世纪的较量中，哥白尼所建立的“日心说”取得了最后的胜利。

你为什么能有如此伟大的成就？

胜利者，往往是从坚持最后
五分钟的时间中得来的成功。

类地行星有哪些？

什么是行星？

2006 年，国际天文学联合会第 26 届大会通过了《行星定义》，其中规定只有满足以下三个条件的天体才能被称为行星：围绕太阳运转；质量足够大，形状接近球体；能清除掉自己所在轨道上的其他物体。

地球就像个大洋葱！
一层又一层，
一层又一层！
地壳
上地幔
外地核
下地幔
内地核

地球长什么样？

从太空中看，地球的两极地区显得有点扁，而赤道部分地区则出现了隆起，这让地球看起来很像一个悬浮在宇宙中的橄榄。而大气层是包裹着地球的一层气体，由氮气、氧气、二氧化碳、水蒸气、微尘等组成。如果把地球拦腰剖开，我们会发现地球由内到外可以被分为三层：地核、地幔和地壳（qiào）。其中，地核分为内地核和外地核，地幔分成上地幔和下地幔。类地行星就是以硅酸盐石作为主要成分的行星，包括水星、金星、地球和火星，它们都有坚固的类岩石表面，且体积较小，密度较大，少有或者没有属于自己的卫星。

水星是名副其实的“飞毛腿儿”？

在太阳系八大行星中，水星不仅是离太阳最近的一个，也是体积最小、质量最小的一个。水星围绕太阳公转一周大约需要 88 个地球日，自转一周大约需要 59 个地球日。地球绕太阳公转一周需要 365 天，这意味着每当地球公转一周，水星这个小不点儿就要公转四周多。

我跑得和闪电一样快！

金星为何会如此明亮？

当我们从地球上遥望天空时，除了月亮和太阳，金星是天上最明亮的星体。这是因为金星的大气层比地球的厚得多，足以将 70% 以上的太阳光都反射出去。不过，由于金星的大气层含有丰富的硫元素，它的表面经常会下起可怕的硫酸雨。

下雨了，赶紧
收衣服咯！

火星上的白色斑点是什么？

火星的南北两极都存在着冰覆盖的白色极冠，它们是火星表面最显著的标志。不过，南极的极冠要比北极的更厚，温度更低，含有更多的干冰。有学者推断，如果火星极冠上的冰全都融化，那火星表面将被一片深达 11 米的海水所淹没。

我头上怎么会有这么
一大块头皮屑？

类木行星有哪些？

类木行星是什么样的？

木星被称为“行星之王”，它是太阳系八大行星中体积最大、自转最快的一个，木星的质量比太阳系其他七颗行星总质量的 2.5 倍还要多。很多科学家认为，这个“巨无霸”曾经有机会成为像太阳一样的恒星。类木行星，就是类似木星的气体行星，包括木星、土星、天王星和海王星，它们都没有坚固的表面，并且体积巨大，拥有行星环和很多颗卫星。

为什么不能登陆木星？

这是因为木星压根就没有“表面”啊！木星属于气态巨星，它的核被一层流动着的、厚厚的气体所包裹，而这层气体含有大量的氢和氦（hài），以及一些氢化合物，比如甲烷（wán）。因此，人类发射的宇宙飞船或探测器既无法降落在这层气体上，也没有能力穿越阻碍，到达木星的核。

海王星上的风暴有多可怕？

海王星有着特别活跃的大气层，它催生出了许多巨大的气旋，形成了许多巨大的风暴系统。其中最为人熟知的是海王星表面的“大暗斑”，这是一个椭圆形暗黑区域，大小和地球相似。围绕在“大暗斑”周围的风速经测量高达每小时 2400 千米，是太阳系中最快的风。实际上，“大暗斑”就是位于南半球的一个气旋。但奇怪的是，它有时会变得非常明显，有时又会消失不见。

土星环有多奇妙？

土星既是太阳系中体积第二大、质量第二大的行星，也是我们能用肉眼观察到的最遥远的行星。从太空中看土星，它就像是个在转呼啦圈的胖子，这是因为它拥有极其壮观的环。从内向外，土星环可以分成 D、C、B、A、F、G 和 E 七个同心圆环，里面充斥着数十亿颗冰粒、尘埃和岩石，它们的直径在 0.01 米到 10 米之间。

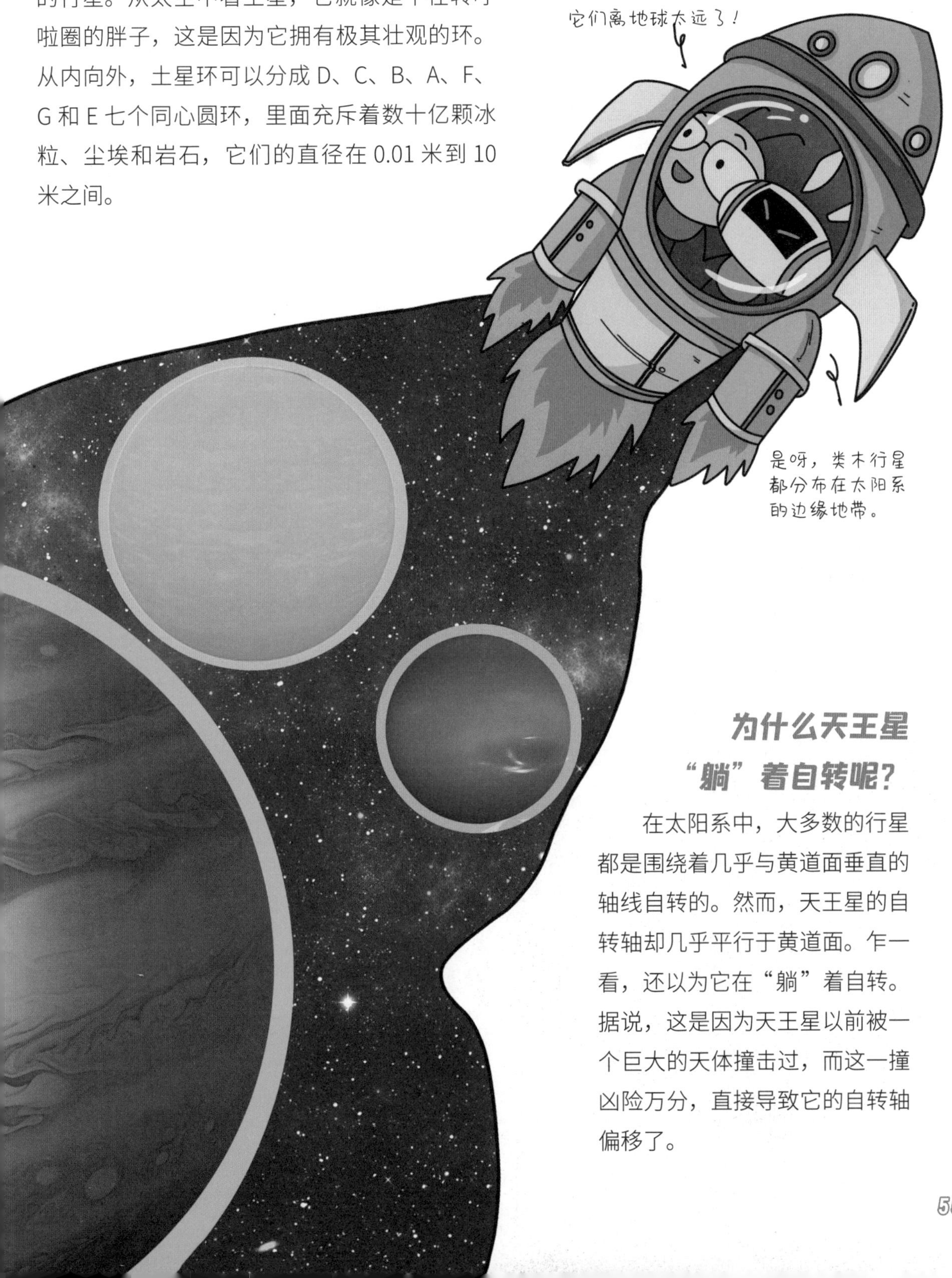

它们离地球太远了！
是呀，类木行星都分布在太阳系的边缘地带。

为什么天王星“躺”着自转呢？

在太阳系中，大多数的行星都是围绕着几乎与黄道面垂直的轴线自转的。然而，天王星的自转轴却几乎平行于黄道面。乍一看，还以为它在“躺”着自转。据说，这是因为天王星以前被一个巨大的天体撞击过，而这一撞凶险万分，直接导致它的自转轴偏移了。

月球表面有什么？

月球会不会突然掉下来？
当然不会，你这是杞人忧天！

月球也转个不停？

月球是地球的唯一一颗天然卫星，自它诞生起，已经沿着固定的椭圆轨道，围绕地球运转了约 45 亿年。有意思的是，不论是月球绕地球转一周，还是月球自转一圈，都大概需要 27 天又 3 个小时。因此，不管月球运转到哪个位置，它都对我们“有所保留”，永远只会用固定的一面朝向地球。

月球表面为何坑坑洼洼？

你背过“小时不识月，呼作白玉盘”吗？当人们在地球上用肉眼观察月球时，会觉得它光洁又美丽，就像是一只用玉打磨出的盘子。事实真的如此吗？实际上，月球可没有地球这么好的“运气”。在茫茫的宇宙中，它时不时就要受到其他天体的激烈撞击，这使得它的表面布满了大大小小、形状不一的陨石坑。

这里可不适合赛跑！
是呀，因为人很容易被绊倒！

这是什么？

你好，我叫“嫦娥”！

人类的探月之旅

1959 年，人类开始了第一次探月之旅，苏联发射的“月球 1 号”成为世界上第一个飞往月球的空间探测器。在过去的近 70 年间，世界各国先后向这颗星球发射了超过 100 个探测器，包括“月球 2 号”“月球 3 号”“月球 9 号”“勘（kān）测者 3 号”“徘徊者 7 号”等。2004 年，中国正式启动月球探测工程——“嫦娥工程”，开始了“奔月”之旅。

超厉害的“嫦娥五号”

虽然月球是地球的邻居，但我们在地球上很难见到真正的月球陨石，这不仅令科学家费解，也阻断了人类认识月球的一条途径。不过，在 2020 年，我国发射的“嫦娥五号”探测器在月球成功着陆，并携带 1731 克月壤顺利返回地球。通过研究这些珍贵的月壤，我国科学家发现了天然存在的玻璃纤维，这意味着未来我们在建设月球基地时可以考虑就地取材。

你知道吗？

在农历每月十五或十六日，如果地球正好运行到月球与太阳的中间，天上就会出现月食现象。早在 18 世纪，我国的清代天文学家王贞仪就破解了“天狗食月”之谜，对月食的成因进行了精准的解释，并写下了一本天文学著作《月食解》。

谁说女子不如男？

什么是彗星？

看起来就像一块石头……

这就是陨石吗？

什么是彗星？

在广袤的宇宙中，有一种外形十分特别的小天体，它和地球一样也围绕着太阳运转。当它靠近太阳时，能够较长时间地、大量地挥发气体和尘埃，在背着太阳的那一面形成一条酷似扫帚的、长长的尾巴，这种天体被称为彗星。

你今天非得和我分个高低吗？
谁也别想在骑扫帚这件事上赢过我！

彗星由几部分组成呢？

彗星主要分为三部分：彗核、彗发、彗尾。彗核就是彗星最里面的核，它包含岩质的尘埃、冰冻的水以及二氧化碳等；彗发是包裹在彗核周围的气体和尘埃，它就像是一个没有清晰边界的云团；彗尾则是彗星延伸出去的尾巴，它既可能是浅蓝色的，也可能是白色的。

你知道吗？

在我国，古人把彗星称为“扫把星”“孛（bèi）星”“灾星”，认为它的出现会给国家带来厄（è）运和灾难，比如战乱、瘟疫、地震、洪水等。

是谁发现了著名的哈雷彗星？

在 17 世纪的末尾，英国天文学家爱德蒙·哈雷有了一个惊人发现：人们在 1531 年、1607 年和 1682 年目击的可能是同一颗彗星。于是，在经过大量的观测、研究和计算后，他做出了大胆的推测：这颗彗星大约每隔 76 年就会出现一次，而下一次是 1758 年或 1759 年。果然，在 1759 年 3 月 13 日，这颗彗星如约而至。后来，为了纪念爱德蒙·哈雷，这颗彗星被命名为“哈雷彗星”。

彗星、流星和陨石有什么关系？

当彗星的轨道与地球的公转轨道相交叉时，彗星就会因受到地球的吸引，而飞入地球的大气层。这时，它就变成了流星。流星会一边以大约 40 000 千米每小时的速度落下，一边剧烈地燃烧起来。没有被完全烧毁的流星最后会落在地表上，这些便是陨石。

车里雅宾斯克流星体的威力有多大？

2013 年 2 月 15 日，一颗直径约为 20 米的流星在俄罗斯南部的车里雅宾斯克州上空约 23 千米高的地方发生了大爆炸。大爆炸不仅产生了不计其数的陨石碎片，其产生的冲击波甚至震碎了当地许多建筑物的玻璃。调查显示，这起事件共造成 1000 多人受伤。

为什么冥王星不再是行星？

冥王星本来就不是行星，一开始就是人们弄错啦！

为什么冥王星会被降级？

再见啦，冥王星!

1930 年 3 月 13 日，美国天文学家汤博有了一个惊人的发现：在太阳的光和热很难到达的地方，有一颗冰冷而暗黑的星球正寂静地漂浮着，它就是冥王星。从此，冥王星开始了它长达 70 年的“卧底”生涯。直至 2006 年 8 月 24 日，科学家才揭露它的真实身份，它也由此从“行星”降级为“矮行星”。不过，虽然冥王星在矮行星中是体积最大的一个，但我们仅凭肉眼是看不到它的。

矮行星为什么“矮”？

矮行星与行星有许多相似的地方，比如它们都沿固定的轨道围绕太阳运转，外观呈球形或近球形……不过，矮行星体积比较小，且没有能力独占自己的轨道，它们的轨道上还残留着许多其他天体。目前，我们在太阳系中已经发现了 5 颗矮行星，包括冥王星、阋（xì）神星、谷神星、妊（rèn）神星和鸟神星。

冥王星到底有多懒惰?

冥王星的运行轨道延展得非常长，它每 248 年才能围绕太阳公转完一圈。也就是说，从人们发现冥王星那天起，直到今天它还没能在我们眼中完成一次公转!

冥王星也有卫星?

虽然冥王星的直径只有约 2376 千米，质量也比月球小很多，但它足足有 5 颗卫星。其中，卡戎是质量最大的一颗，它的半径约为冥王星的一半。卡戎是美国天文学家詹姆斯·克里斯蒂在 1978 年发现的。2015 年，“新视野号”探测器曾飞越它，并记录下其表面的裂谷、撞击坑和平原等。

你知道吗?

从太空中遥望冥王星，会发现它的表面分布着大片大片的白色区域，这些地方都被含有甲烷和氮的冰所覆盖。冥王星因为距离太阳太远，几乎接收不到光和热，它的大气层又稀薄得起不到保温作用，所以即使运行到离太阳最近的位置，它的温度也只有约 -230℃。

为什么要发射人造卫星？

如果所有人造卫星都失灵了……

那世界就乱套了！

人造卫星有什么用？

顾名思义，人造卫星就是人类自己给地球制造的卫星，通过发射和接收电磁波来与地球上的设备进行通信，可以让我们在找不到路时使用导航软件，在恶劣天气到来前收到预警，在人迹罕至的地方使用卫星电话求救等。虽然目前世界上还有许多国家不能独立制造和发射人造卫星，但在我国，有的大学都已拥有属于自己的人造卫星了！

你要是早点用导航软件，我们就不会迷路了！
别着急，再走100米就到目的地了。

人类的第一颗人造卫星上天啦！

1957 年 10 月 4 日，苏联的拜科努尔航天中心发生了一件大事——人类历史上第一颗人造地球卫星顺利升空。这个看起来并不起眼儿的金属小球，名叫“斯普特尼克 1 号”，由谢尔盖·帕夫洛维奇·科罗廖夫参与设计，而这位科学家也被誉为“苏联航天事业的奠基人”。虽然“斯普特尼克 1 号”最终在太空中只运行了 3 个多月，但它的成功发射，标志着人类从此进入了利用航天器探索外层空间的新时代。

中国人的第一颗人造卫星！

1970 年 4 月 24 日，我国第一颗人造地球卫星——“东方红一号”搭乘“长征一号”运载火箭飞入太空。这个长着“刺”的大圆球有 72 个铝合金平面，直径为 1 米，质量达 173 千克。值得一提的是，它在轨道上奏响了《东方红》，当时全中国人民都能通过收音机听到这首在太空中播放的歌曲。

我是“登月第一人”
——阿姆斯特朗，我来自 NASA。

你知道吗？

“斯普特尼克 1 号”的成功，在美国引发了轩然大波，越来越多的人开始将目光投向神秘的太空。时间来到 1958 年 7 月 29 日，时任美国总统的艾森豪威尔正式批准成立美国国家航空航天局（简称 NASA）。之后，NASA 组织实施了迄（qì）今人类唯一成功登月的计划——“阿波罗计划”。

停停停，我要被你转晕了！

我是地球唯一的
天然卫星，竟敢

人类发射过很多空间探测器？

什么是空间探测器？

空间探测器是人类用来探测宇宙的一种无人航天器。空间探测器虽然通常只有一台洗衣机那么大，但造价十分昂贵，世界上只有极少数国家能自行研发、制造和发射空间探测器。空间探测器可以帮助人类去近距离观测宇宙中的天体，并将收集来的珍贵数据传输回地球，供科学家研究。

“旅行者”1号、2号

“旅行者”1号探测器的主要任务是飞越木星、土星及其卫星土卫六。土卫六又称泰坦星，它是太阳系体积第二大的卫星，与地球一样都拥有大气层。土卫六的大气层主要由氮（dàn）、氩（yà）、甲烷以及一些微量的其他有机化合物构成。“旅行者”1号、2号不仅长得一模一样，还都发射于1977年。目前，它们都已冲出太阳风层，向星际空间进发。

“信使号”

2004年的一天，人类发射了世界上第一架水星探测器——“信使号”。经过长约6年的飞行，它于2011年3月18日成功抵达水星附近，并成为人类历史上首个围绕水星运转的航天器。服役期间，“信使号”探测器每隔12小时就会围绕水星运转一周。它通过自己携带的7台科学载荷，对水星的地貌、磁场、大气层等进行了全面而详细的测量，并在水星表面发现了许许多多、形状各异的撞击坑。

“新视野号”

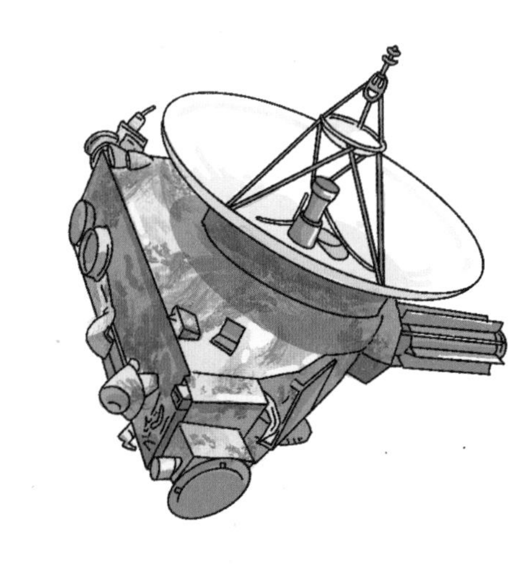

2006年1月19日，“新视野号”探测器在肯尼迪航天中心发射升空。经过长达9年的飞行，它在2015年7月14日成功飞掠冥王星，这也是人类首次实现对冥王星的近距离观测。为了纪念冥王星的发现者克莱德·汤博，科学家在“新视野号”探测器上放置了他的部分骨灰。当“新视野号”探测器飞掠冥王星时，它放置骨灰的那面正对着的就是冥王星的“心脏”——斯普特尼克平原。

“天问一号”

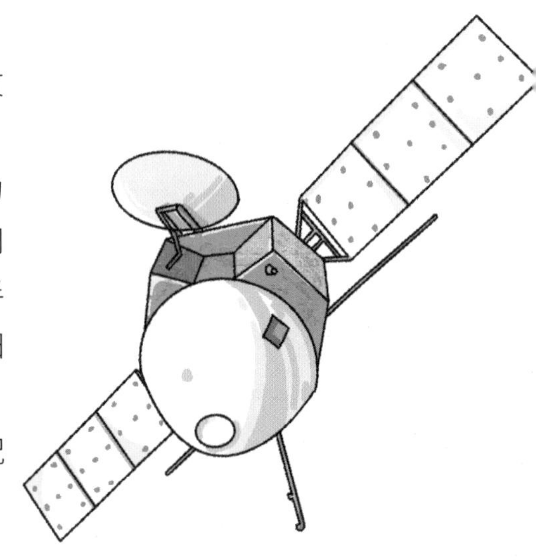

2020年7月23日，“天问一号”探测器于海南文昌航天发射场，由“长征五号”运载火箭成功发射。在经过约7个月的飞行后，它最终被火星捕获，成为我国第一颗人造火星卫星。2021年5月15日，“天问一号”探测器搭载“祝融号”火星车，在火星的北半球成功着陆。“祝融号”是一辆电动车，需要依靠太阳能电池才能运行。而火星四季分明，冬季光照较弱，又经常刮沙尘暴，有时甚至会持续好几个月，因此“祝融号”在一定条件下会自主进入休眠状态。

你知道吗?

“旅行者”1号、2号各携带了一张铜质镀金激光唱片，即“金唱片”。科学家们在其中放入了用55种不同语言说出的问候、来自大自然的多种声音（包括海浪声、风声、雷声、鸟鸣声等）、来自不同文化及年代的音乐，以及115幅图像等信息内容。据说，这些信息可以在太空中保存数亿年之久！

快，用这个放音乐！
这个唱片可不是给我们听的！

哪些动物进入过太空？

也没有美丽的嫦娥！
这里没有玉兔！

为什么要送动物上太空？

其实，在人类进入太空以前，很多动物就已经体验过“甩掉地球”的感觉。这是因为只有当动物乘坐航天器先在太空中存活下来以后，人类才有机会平安往返于地球与太空之间。那么，你知道历史上哪种动物是最先飞出地球的吗？也许你会立刻想到可爱的小狗或者聪明的猩猩，但答案其实是果蝇。1947 年，这种小小的、并不起眼的昆虫搭乘 V-2 火箭，登上了距离地表 100 千米的高空，并安全返回地面。不过，后来它们纷纷出现了发育延迟、早衰和寿短等问题。

狗狗超勇敢，从不怕困难！
我才是“飞天第一蝇”！

请不要忘记小狗莱卡！

苏联时期，为了研究哺乳动物在微重力环境下的反应，一只名叫莱卡的流浪狗被选中参与航天实验。据说，莱卡长相漂亮，性格温顺，忍耐力极强，在所有参与训练的小狗中是最出色的一个。1957 年 11 月 3 日，科学家将 3 岁的莱卡放进“斯普特尼克 2 号”人造卫星中，将它送入了遥远的太空。然而，不幸的是，在进入太空几小时后它就牺牲了。

在莫斯科有我的纪念碑哦！

黑猩猩也能成为“航天员”？

1961 年 1 月 31 日，一只叫作哈姆的黑猩猩被美国国家航空航天局选为“航天员”，它乘坐飞船围绕地球飞行了约 778 千米，历时约 16 分钟。虽然在这个过程中，飞船意外出现了故障，导致太空舱内的压力有所减小，但航天服保护了哈姆，让它得以死里逃生。最终，飞船在茫茫的海面上顺利着陆，而哈姆的鼻子受了一点点儿轻伤。

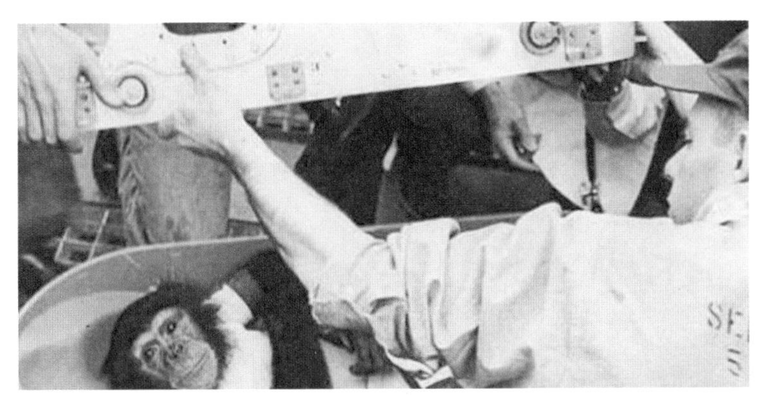

我竟然还不如一只猩猩勇敢……

体征良好，完美！

我有种飘乎乎的感觉。
我也是……但这阻止不了我工作的热情！

你知道吗?

蜘蛛在太空中能正常织网吗？

当然能，只不过需要更多的时间！1973 年，两只蜘蛛乘坐飞船进入了太空。一开始，虽然它们因为不适应失重环境而无法织出正常的网，但随着它们越来越适应太空舱中的生活，织出的网也和在地球上织的没什么区别了。

谁完成了第一次太空之旅？

一位年轻的航天英雄

尤里·阿列克谢耶维奇·加加林是苏联人，他被公认为世界上第一名航天员，也是第一个进入太空、看到地球全貌的地球人。1957 年，加加林正式参军，并在两年后通过了苏联第一批预备航天员的选拔。经过为期一年的严格训练后，在 1961 年 4 月 12 日莫斯科时间 9 时 7 分，刚满 27 岁的加加林乘坐着“东方 1 号”宇宙飞船，穿越大气层，环绕地球航行 1 圈，成功完成了人类历史上的第一次载人航天的试验。

这次太空之旅有多艰难?

“东方 1 号”宇宙飞船升空后，按计划在远地点高度约 301 千米的轨道上围绕地球运转一圈，总历时 1 小时 48 分。之后，地球上的指挥中心向加加林发出指令，要求他返回地面。然而，由于当时的航空航天技术远不如现在的成熟，在飞船下降途中，加加林受到了猛烈的冲击，一度陷入昏迷，与指挥中心失去了联络。幸运的是，他最终清醒了过来，顺利返回了地面。

你知道吗?

为什么加加林要跳伞？

在“东方1号”宇宙飞船到达地面前，加加林就从飞船里被弹射了出去，然后他像跳伞的飞行员一样，在半空中打开降落伞，慢悠悠地落在了一片农田中。当时，苏联尚未掌握足够的科学技术，可以保证宇宙飞船能安全着陆，因此跳伞成了航天员必须掌握的技能之一。

谁是“世界航天第一人”?

相传，在明朝时期，有一个名叫万户的官员想去天上看看，于是他买来 47 支当时能买到的威力最大的火箭，将它们绑在椅子上，又制作了两只巨型风筝，并让仆人扛着这些东西跟他一起爬到山顶，准备“一飞冲天”。结果可想而知——随着仆人点燃引线，他的生命也画上了句号。虽然万户没能实现自己的“飞天梦”，但现在有很多人将他誉为“世界航天第一人”。

你为什么能成为大家的偶像？
因为我是个勇于挑战极限的人。

各式各样的天文望远镜

最大的射电望远镜

与其他天文望远镜不同，射电望远镜这个庞然大物不仅能知道宇宙里发生了什么事情，有一些还能将信号和信息传送到地球之外的地方去。500 米口径球面射电望远镜（简称“FAST”）是目前世界上最大、最灵敏的单口径射电望远镜，位于我国贵州省黔南布依族苗族自治州境内，被誉为“中国天眼”。

真想飞到天上去看看。
像空间望远镜一样吗？

阿兹特克太阳历石

人类从很早以前就开始仰望星空？

在距今约 3000 年以前，玛雅人就建造了用来观察天象的观星台。据说，他们会在观星台中摆放许多装满水的石头杯子，并通过水面的反射来记录天体的运动轨迹。然而，如果仅凭肉眼去观察，人们始终无法知道宇宙深处正在发生什么事情。于是，随着时间的流逝，人们争先开动脑筋，最终发明了“神器”——天文望远镜。毫不夸张地说，如果没有天文望远镜，那么现代天文学这一学科也不会出现。

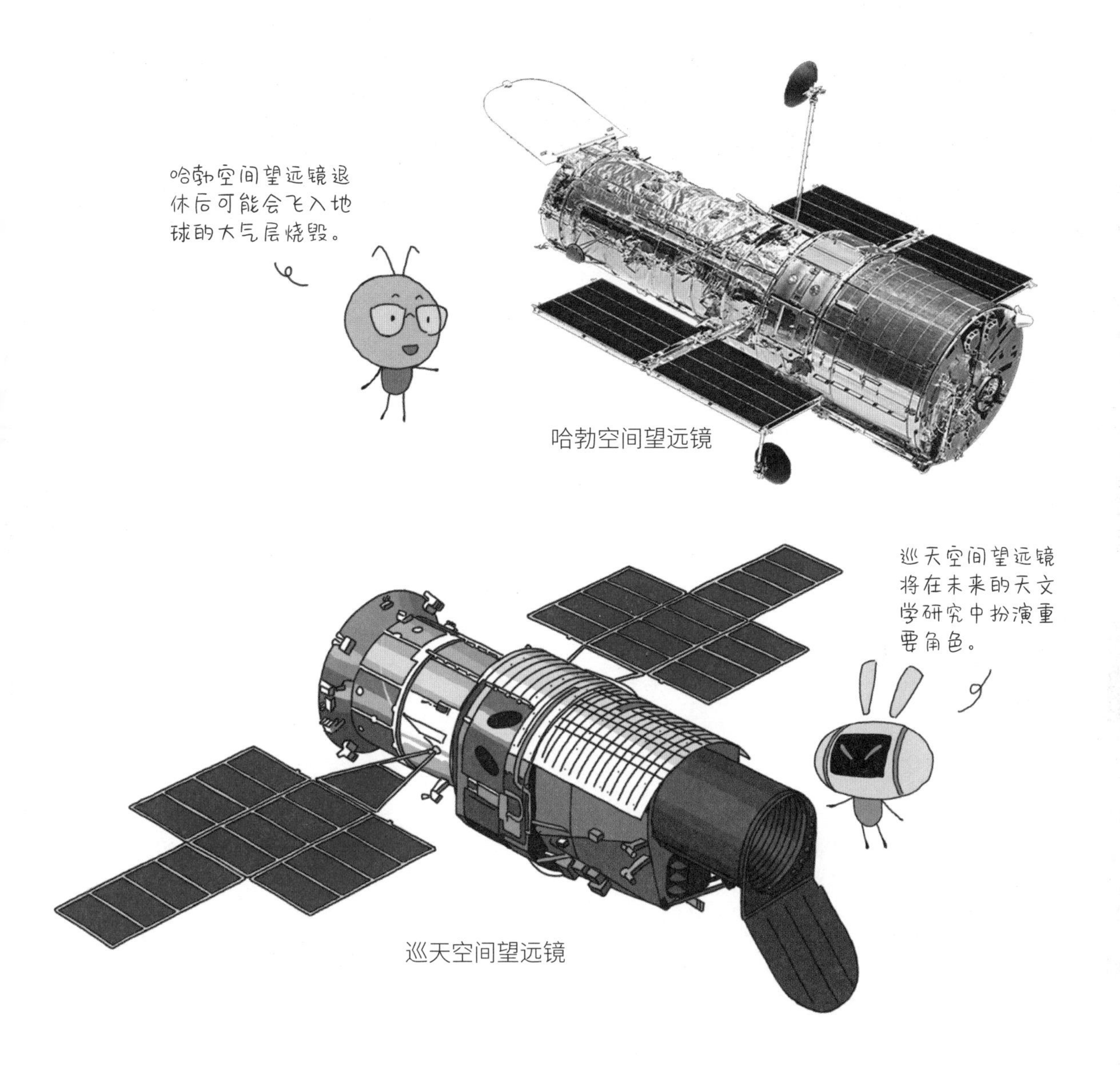

哈勃空间望远镜退休后可能会飞入地球的大气层烧毁。
哈勃空间望远镜
巡天空间望远镜将在未来的天文学研究中扮演重要角色。
巡天空间望远镜

空间望远镜有多厉害？

科学家怎么会满足只在地球上观测太空呢？为了与太空变得更加“亲密”，他们又发明了空间望远镜，这是一种可以围绕地球运转的天文望远镜，能够帮助科学家摆脱大气层对天体地面观测的干扰，更加精确地观察星空中天体的本来样貌。

哈勃空间望远镜，是以美国天文学家爱德温·哈勃的名字命名的，发射于 1990 年 4 月 24 日。在它的帮助下，人类看到了许多令人惊讶的天文景观，观测宇宙的视野扩大了数百倍！不过，听说这架望远镜预计运行到 2035 年，便会迎来自己的“退休”生活了。

巡天空间望远镜，是中国迄今为止规模最大、指标最先进的空间望远镜，具有强大的技术性能。它发射升空后，将开展广域巡天观测，帮助科学家更深刻地认识宇宙结构的形成和演化、暗物质和暗能量、系外行星与太阳系天体等。

航天员在国际空间站里都做什么？

重要的生命保障系统

不论是国际空间站还是中国空间站，它们都搭载了生命保障系统，用以为航天员营造安静舒适的良好环境。在这些生命保障系统中，有负责制造氧气的，有负责吸收二氧化碳的，还有负责将收集来的尿液和汗液转化成饮用水的……可以说，航天员想要在太空中长久生活，绝对离不开这些高科技设备的帮助！

到处寻找裂缝

其实，看似坚不可摧的国际空间站也会出现裂缝。虽然它们看起来并不起眼，但航天员从来不敢掉以轻心。因为在危机四伏的太空中，哪怕只是一个小小的问题，也会让空间站面临灭顶之灾。当他们发现舱壁出现裂缝时，会先用一种特制的胶带封上裂缝，之后再想办法解决如何修复裂缝的问题，比如出舱修复。

忙不完的工作

虽然空间站里的航天员看起来十分悠闲，但实际上他们每天都要完成很多工作，比如检查空间站装配的各种设备、开展空间科学实验和技术试验、拍摄各种科学影像等。有时候，他们甚至不得不冒着生命危险，去空间站外维修设备。除此以外，保持健康也很重要，航天员需要经常锻炼身体，让自己充满活力。

2011 年 6 月 28 日，因为地面指挥中心未能及时发现靠近国际空间站的太空垃圾，所以住在国际空间站的 6 名航天员不得不分成两组，临时躲进了相对安全的载人飞船中，以应对可能发生的强烈撞击。幸运的是，这次意外有惊无险，空间站及航天员全部安然无恙。

你知道吗？

因为国际空间站每 24 小时会围绕地球运转 16 圈，所以住在里面的航天员每 24 小时可以看到 16 次日出和 16 次日落。不过，航天员的睡眠舱是可以遮光的，当太阳出现时，他们依然可以睡个好觉。

航天员在太空能吃什么？

航天员肯定不会把食物掉在地上吧？

我的冰激凌……

顺便把你也打扫一下！

怎样在太空中保存食物？

航天员在空间站里吃的都是特制的航天食品。这些食物一般都会经过冷冻干燥处理，并被密封在塑料袋里保存，航天员吃起来十分方便，不用担心食物残渣和汤汁会飞向四方，对太空舱造成严重污染。并且，航天食品的保质期一般都很长，这是为了应对可能发生的特殊情况。如果货运飞船未能按时抵达空间站将补给送到航天员手中，航天员也不用担心自己会饿肚子！

你知道吗？

为了让太空舱保持整洁，航天员也得干“家务活”。其中，比较重要的两项任务是：打包垃圾和清理残渣。厨余垃圾和排泄物很容易滋生细菌，它们在太空中都属于高危害等级的垃圾，需要及时处理，并分类打包，方便货运飞船带走。航天员也需要定期拿着残渣收集器，吸走那些不容易看见的食物碎屑或水珠，防止它们对自己的健康、设备的安全造成威胁。

航天员能吃到什么？

航天食品必须能为航天员提供足够的营养和能量。然而，在失重的环境下，航天员的嗅觉和味觉都将减弱，这在一定程度上会影响他们的食欲。为了让航天员在地球之外也能吃得饱、吃得好，科学家可谓是绞尽脑汁。在过去，航天员只能吃到像婴儿辅食一样的粉末状或糊状食物。现在，列进国际空间站菜单的食物已经超过 100 种，包括牛肉、奶酪、饼干、巧克力等。

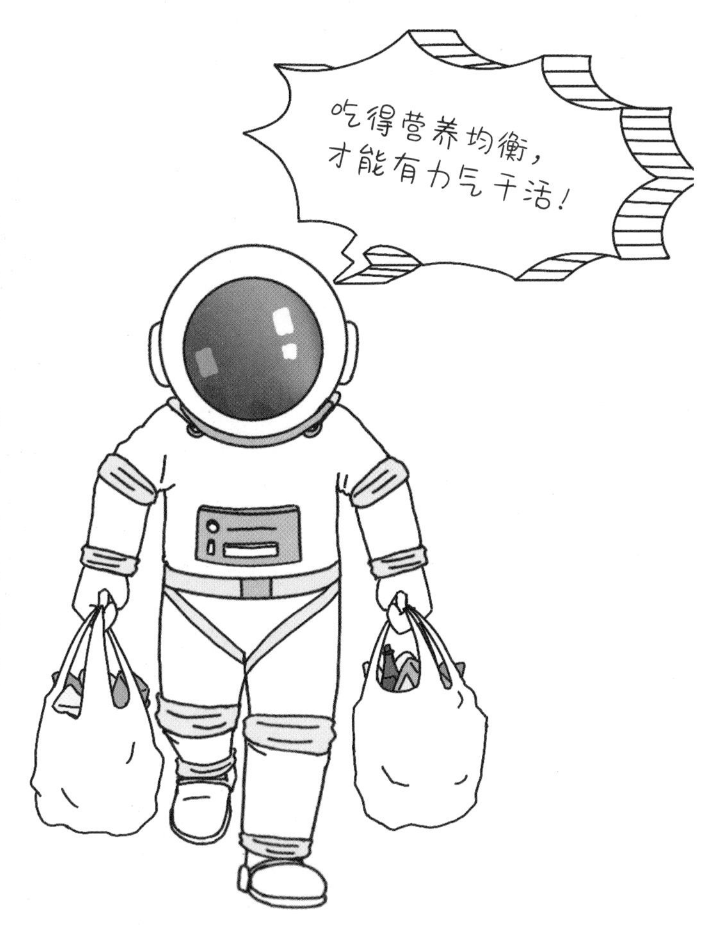

航天员在哪里吃饭？

为了让航天员生活得更舒适，中国空间站设立了专门的就餐区，这里安装了食物加热和冷藏设备。航天员一天用餐三次，他们可以根据自己的喜好，选择冰爽或热乎乎的食物和饮品来补充能量。另外，盛放食物的“航天餐盘”都是用磁性材料制作的，可以牢牢地吸住餐具，包括叉、勺和安全剪刀等，防止它们到处乱飞。

航天员如何在太空中行走？

你就会变成漂浮在地球周围的“太空垃圾”。

太空行走看似浪漫，实则充满危险？

太空行走是航天活动中最危险的任务之一。一旦航天员离开太空舱，等待他们的将是数不清的严酷考验：真空、宇宙辐射、失重、低温……在进行太空行走时，航天员如果失去了有效防护，只需要大约 15 秒，他们就会失去意识，陷入昏迷状态；只需要大约 30 秒，他们就可能被夺走宝贵的生命。

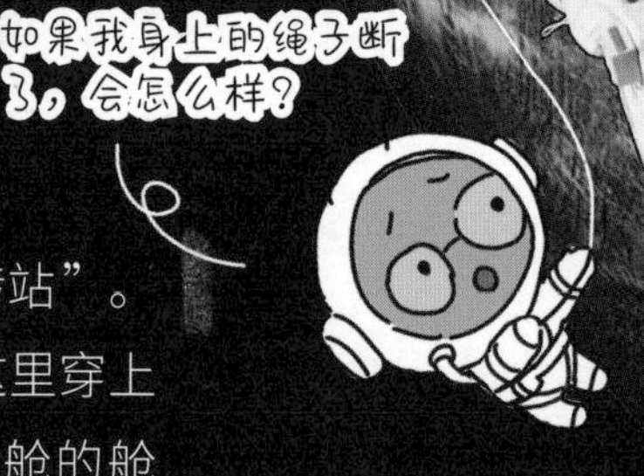

每次出舱都很麻烦

气闸舱是连接航天器和宇宙的“中转站”。每次进行舱外活动时，航天员都需要在这里穿上又厚又重的舱外航天服，然后推开气闸舱的舱门，才能与太空进行亲密接触。不过，在漫步太空的数天前，航天员就得开始做各种准备。直到出舱当天，他们仍要花费数个小时来关注空间环境，检查舱外航天服，制定应急计划……如果有维修任务，他们还会检查自己的工具箱。

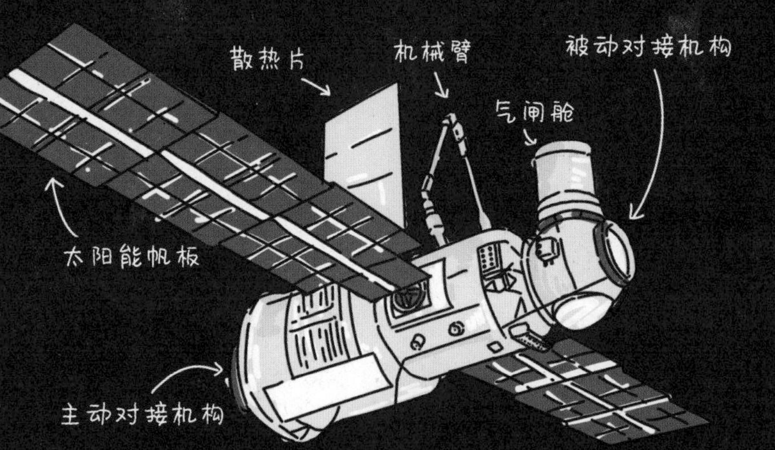

国际空间站的“科学号”多功能实验舱

给他们一点帮助……

进行出舱活动时，航天员通常需要在身上系好安全绳。这种绳索十分坚韧，被誉为连接航天员与航天器的“生命线”。如果航天员不小心被“甩”出去，他们可以拽着安全绳，再慢慢地“飞”回来。相比普通航天器，驻守空间站的航天员在出了舱门后，可以利用外壁上的扶手爬上爬下，也可以借助灵活的机械臂完成各种任务。

你知道吗？

1984年2月7日，一名美国航天员在没有系安全绳的情况下，背着喷气背包“飞”离航天器，成功完成了一次十分大胆的太空行走。最远时，他与航天飞机隔了足足有98米那么远！

在距离地表约340千米的高空中，两名航天员正在为国际空间站安装一个新桁（héng）架。

穿航天服可以上厕所吗？

这里多热呀，你们穿的也太多了吧？

航天服有什么大用处？

太阳活动会产生辐射、太阳风、高能带电粒子等。身处地表的我们因为有地球磁场的保护，所以不太会受到太阳活动的影响。但是，宇航员们却会受到太阳活动的直接影响，一旦不小心暴露在宇宙射线中，他们就会有生命危险。舱外航天服就像是一架昂贵的微型航天器，可以将宇航员与恶劣的空间环境隔离开。

你知道吗？

在古代，人们相信太阳上住着一种通体漆黑、长着三条腿的神鸟，其名为三足乌。有些学者认为，古人之所以会误会太阳上有黑色的鸟，是因为他们观察到了太阳黑子。虽然今人和古人遥望的是同一片天空，但随着科学技术的发展，我们学会了用不同的角度去看待天文现象。

执行任务时，航天员想上厕所怎么办？

在我国神舟飞船待发、发射段以及返回段，航天员都要穿舱内航天服。因此航天服内设置了小便收集装置，这些装置可以像短裤那样穿在身上，用于收集身着航天服的航天员在此阶段排出的小便。航天员在太空生活期间要进行大小便时，飞船内有专门设计的太空马桶——大小便收集装置，可供航天员解决个人问题。

航天员一般有几套航天服？

在太空执行任务时，为了适应不同的工作环境，航天员一般会使用三种航天服，包括舱内工作服、舱内航天服和舱外航天服。舱内工作服较为轻便，主要用于航天器或空间站内部穿着；舱内航天服则用于发射和返回阶段，一旦发生紧急情况，它可以起到保护航天员生命安全的关键作用；而舱外航天服的结构最复杂、造价最高，犹如一台微型航天器。

超级厉害的舱外航天服

舱外航天服对于真空、辐射和高低温的超强防护作用，主要源于它的多层设计。简单地说，其最外层是保护层，由多种纤维复合织物制作而成，具有耐穿透、耐磨损、耐高温、耐燃烧、耐腐蚀、防辐射等特性；最里层则是衬里和尿收集装置，衬里紧贴皮肤，其面料柔软舒适，尿收集装置还具备给尿液除臭的功能。

我可以在太空中种菜吗？

“太空菜”比“地球菜”更好吃？

进入太空的一些种子会被直接播种在空间站中，而驻留在空间站的航天员会定时采集和冷冻保存“太空菜”样品，并将它们送回地球交给科学家进行研究。与“地球菜”不同，“太空菜”生长在微重力环境下，接受的是人工光源的光照。但即便如此，从目前的实验结果来看，“太空菜”的口感与“地球菜”并没有显著差异。

在中国空间站里种水稻？

实现太空移民的第一步，就是要确保人类离开地球后仍有能力活下去。如何在太空中获取食物，是当前许多人密切关注的问题。中国科学家也不例外。水稻是我们的主要粮食作物，在没有阳光又缺乏重力的空间站，中国航天员开展了水稻种植实验，并在 2022 年首次在太空中成功培育出了水稻种子。

什么是“太空育种”？

太空育种，也称空间诱变育种，这听上去是不是很厉害？好像种子只要上天转一圈回来，用它种出来的植物就一定能长得特别大、特别好。不过，事情可没那么简单，上过太空的种子还需要一代接着一代地繁育下去，至少经历四代，才能最终获得稳定遗传的品种。我们需要知道的是，并非每颗种子在进入太空后都会发生变异。即便它们是同一植物的种子，搭载了同一架航天器，又在太空中同时发生了变异，其产生的变异结果也可能是不同的。

你知道吗？

与地球土壤富含微生物和有机养分不同，干燥的月壤不含任何有机养分，十分贫瘠。在月球现有自然环境下，人们是种不出蔬菜和粮食的。不过，等到月球基地落成的那一天，航天员也许可以依靠无土栽培技术，将“不可能”变成“可能”，种出各种各样的“太空菜”。

太空垃圾是怎样产生的？

国际空间站退役后，何去何从？

在多次宣布延长国际空间站的服役时间后，2022 年 2 月，美国国家航空航天局最终宣布，他们计划在 2031 年彻底摧毁国际空间站，届时这个庞然大物会穿过地球的大气层，并最终沉入南太平洋的无人区——“尼莫点”，它是地球表面距离陆地最为偏远的一片海域。那个时候，中国空间站将会是世界上唯一一个仍在长期服役的空间站。

人造卫星的“墓地”在哪里？

当航天器完成自己的使命后，它的最终归宿会是哪里呢？目前，处理失效航天器主要有两种办法，一种是将它们推进到远离地球的“墓地轨道”，另一种是让它们坠入地球大气层。一旦发现卫星不能正常工作，科学家就会下达指令，将失效卫星抬升到比近地轨道高近千公里的“墓地轨道”上去，以免其对正常轨道上的卫星构成威胁。

被太空垃圾“选中”的人

1997 年 1 月的某一天，在美国的俄克拉何马州特利地区，一名女子被一个从天而降的神秘物体击中了身体，不过幸运的是她并没有受到太大的伤害。之后，人们发现这个物体竟然是德尔塔 -2 型火箭掉落的一片残骸。试想一下，如果这片残骸的体积再大一点，那事情又将怎样收尾呢？这是历史上首次记录到太空垃圾直接伤人事件，但肯定不是最后一次，这也向全人类发出了关于太空垃圾威胁地球的警告。

航天事业也需要可持续发展

2023 年，我国在酒泉卫星发射中心成功发射的可重复使用试验航天器，在轨飞行 276 天后，于 5 月 8 日成功返回预定着陆场。此次试验的圆满成功，标志着我国可重复使用航天器技术研究取得重要突破，后续可为和平利用太空提供更加便捷、廉价的往返方式。

围绕着地球运转的太空垃圾

你知道吗？

目前，地球轨道上仅有一小部分是卫星，其余都是不计其数的太空垃圾，比如废弃的火箭、报废失效的卫星、助推器的残骸……正如你想象中的那样，神出鬼没的太空垃圾已成为在轨卫星的重要威胁。

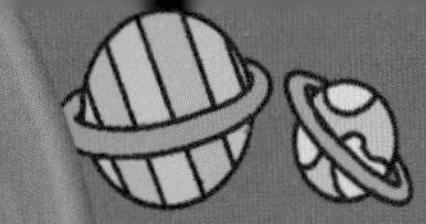

其他星球存在生命吗？

我要带你去太空三日游，免费的！
你那里有人吗？
来人呀，救命啊！

谁是第一个说自己看到飞碟的人？

关于不明飞行物的报道，最早出现在 19 世纪 70 年代的美国。据说，当时，美国得克萨斯州的一个农民正在田中劳作，他突然发现天上有一个酷似碟子的发光物体在飞，于是立刻找到报社，向记者讲述了这件奇怪的事情。结果到了第二天，美国有一百多家报社都刊登了这条新闻，并在文章中首次提到了“飞碟”一词。

真的有地外生命吗？

地外生命，就是可能存在于除地球以外星球上的生命，其中不仅包括能造飞碟的智慧生物，还包括构造简单的微生物，比如细菌、病毒、真菌等。虽然科学家一直没放弃寻找地外生命，但目前我们还没有发现哪个星球像地球一样，孕育出了多姿多彩的生命。

哪颗星球可能有生命？

木卫一

木卫一是木星的四颗卫星中最靠近木星的一颗卫星，它的表面分布着几百座活火山，有些地区的温度甚至能达到 1000°C！虽然我们尚未在其表面发现液态水，但有科学家推测木卫一的内部可能存在一片温暖的“海洋”，很适合嗜（shì）热菌生存。

土卫六

虽然土卫六是一颗卫星，但它和地球一样都拥有大气层。不过，与地球不同的是，它的大气层主要由氮（dàn）、甲烷（wán）以及微量的乙炔（quē）等成分构成。有些科学家认为，这颗星球的状况与早期地球的有些相似，说不定也能孕育出生命。

海卫一

海卫一是海王星体积最大的天然卫星。很多科学家认为，它本该成为一颗围绕太阳运转的矮行星，中途却被海王星所吸引，变成海王星的“跟班”。研究显示，这颗星球的地下或许存在一片深深的“海洋”，可以作为生命的栖息地。

你知道吗？

每一次航天器发射前，工作人员都会对航天器进行全面的“消杀”。这是因为细菌的生命力十分顽强，其中有些甚至能够在无氧环境下生存很久，所以为了防止它们“污染”太空中的其他天体，上天的航天器都应该保持“干干净净”。

人类可以住在其他星球上吗？

叽里呱啦嘚吧嘚吧……
太空旅行社
你就是我们的导游吗？

什么是“生物圈 2 号”计划？

20 世纪 90 年代初期，美国在亚利桑那州建造了一座与世隔绝的微型人工生态循环系统——“生物圈 2 号”。它占地约 1.3 万平方米，高约 24 米，外观为圆顶形密封钢架结构玻璃建筑物。建筑里面设置了草原、雨林、荒漠、海洋等多种生物群落。“生物圈 2 号”竣工后，有 8 名实验人员住了进去，他们需要按计划在此生活两年时间，以验证人类是否有能力再制造一个“新地球”。不过，没过多久，各种问题就随之而来……

“生物圈 2 号”计划为什么会失败？

在实验人员住进去一个月后，“生物圈 2 号”的氧气浓度就急剧下降。在实验的中后期，各种麻烦更是接踵而至：降雨逐渐失控，本该干旱的人造沙漠变成了丛林和草地；因为吸收太多的二氧化碳，海水逐渐酸化；建筑内的动植物出现了大面积的死亡……最终，不到两年的时间，耗资约 1.5 亿美元的“生物圈 2 号”就崩溃了。这次实验的失败，无疑也对人类发出了警告：如果失去了地球，人类将无处可去，很可能走向灭亡。

你知道吗？

开普勒 22b 是一颗太阳系外行星，距离地球约有 600 光年，其直径约为地球的 2.4 倍，地表温度约为 22℃。它有着和地球极为相似的公转周期，也存在明显的四季变化。虽然开普勒 22b 并不在太阳系内，但它依然是目前人类发现的最适合移民的星球之一。

火星会成为人类的另一个家园吗？

在太阳系中，火星与地球堪称孪生兄弟。这颗红色的星球不仅拥有大气层和水蒸气，它的自转周期也跟地球的差不多。并且，火星表面还存在较大的重力，这给植物的生长提供了条件。很多科学家都认为，火星是人类实现太空移民的最佳选择。然而，现在还有很多问题摆在我们面前，比如：火星上不存在氧气，火星的昼夜温差巨大，火星的大气层十分稀薄等。

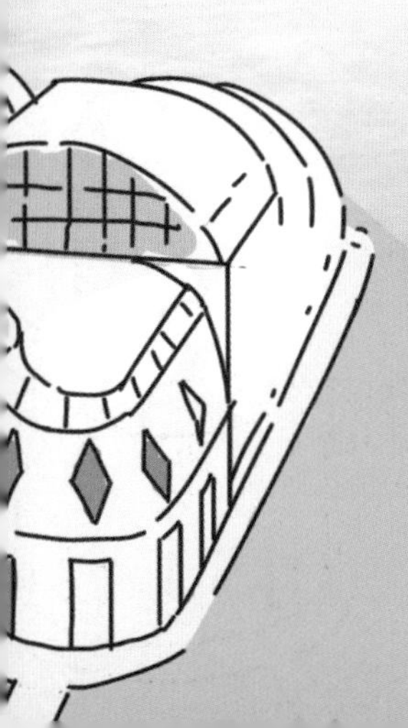